水生态环境智能感知系列

三峡水库水生态环境感知原理与系统设计

中国科学院重庆绿色智能技术研究院　组编

科学出版社
北京

内 容 简 介

本书探讨了三峡水库水生态环境感知系统的构成、基本特征与主要应用情况，汇总梳理了三峡水库水生态环境的主要特征、当前湖沼演化的主要过程及其参数化表达方法，阐述了在大型水库构建水生态环境感知系统的基本原理与技术路径。结合当前长江三峡工程生态与环境监测系统的现状与存在的问题，提出了在三峡水库开展水生态环境感知系统建设的必要性与意义，介绍了三峡水库水生态环境感知系统的总体建设方案和各子系统的建设方案，以及系统的组织运行方式与长效运行机制。

本书可作为环境、水利、生态、地理、土木等学科及工程专业的高年级本科生、研究生教学用书，以及相关领域教学科研人员和工程技术人员的参考书。

图书在版编目（CIP）数据

三峡水库水生态环境感知原理与系统设计 / 中国科学院重庆绿色智能技术研究院组编. —北京：科学出版社，2021.2

ISBN 978-7-03-065528-8

Ⅰ. ①三…　Ⅱ. ①中…　Ⅲ. ①三峡水利工程－水环境－生态环境－研究　Ⅳ. ①X143

中国版本图书馆 CIP 数据核字（2020）第 103295 号

责任编辑：李小锐 / 责任校对：彭　映
责任印制：罗　科 / 封面设计：蓝创视界

科 学 出 版 社 出版
北京东黄城根北街 16 号
邮政编码：100717
http://www.sciencep.com

成都锦瑞印刷有限责任公司印刷
科学出版社发行　各地新华书店经销

*

2021 年 2 月第　一　版　开本：787×1092　1/16
2021 年 2 月第一次印刷　印张：8 3/4
字数：213 000

定价：90.00 元

（如有印装质量问题，我社负责调换）

序

生态文明建设是关系中华民族永续发展的根本大计。党的十八大以来，习近平总书记就生态文明建设提出了一系列新理念、新思想、新战略，深刻回答了为什么建设生态文明、怎样建设生态文明等重大理论和实践问题。长江是中华民族的母亲河，三峡库区是长江上游生态屏障的最后一道关口。筑牢长江上游重要生态屏障，是落实中央深入推动长江经济带发展战略的重要举措，是习近平生态文明思想在长江流域的生动实践。

生态环境监测是生态环境保护的基础，是生态文明建设的重要支撑。近年来，以“互联网+”为标志的大数据和智能化技术在生态环境监测领域的融合应用如雨后春笋般不断涌现，在大量减轻人工工作量、及时反馈生态环境状态、有效防范风险、支撑应急管理等方面，具有十分重要的实践意义和应用价值。但是，在实践过程中，特别是在我国大江大河与重要湖库的应用融合中，依然存在一些技术难题，如何更全面实时地掌握水生态环境状态变化，如何更深入地挖掘海量水生态环境数据等，仍需更丰富的探索实践。

近年来，中国科学院重庆绿色智能技术研究院袁家虎研究员领导科研团队，以三峡水库为主要对象，以水生态环境感知系统的业务化运行为目标，从三峡库区水生态环境在线感知系统建设的总体设计、新型在线监测传感器的研发与综合浮标系统的构建、水生态环境综合感知与可视化平台的集成运用等方面开展了一系列研究和应用开发工作。我认为，该工作的重要价值在于，创新开发了系列在线监测传感器，突破性地解决了水生态健康、毒理指标尚难以实时自动监测的难题，部分关键技术尚属国际首创。革新改进大数据分析方法与系统平台，有力推动了在线监测结果从简单描述、定级判别跨越到多要素复合分析、综合趋势预测，其核心算法与技术得到了国际同行的认可，属国际先进水平。相关工作打通了水生态环境在线监测、综合感知分析的全技术链条，探索形成了可业务化运用、可开放共享、可推广复制的水生态环境综合感知系统，为支撑三峡工程后续工作、服务地方生态环境管理等提供了重要而有力的技术保障。

该系列专著集中展现了中国科学院重庆绿色智能技术研究院（中国科学院大学重庆学院）相关团队近年来的研究成果，其学术价值体现在以下两个方面：一是虽独立成册，但均共同围绕一个主题，从不同角度逐层展开，一脉相承，环环相扣，体现了三峡水库水生态环境感知系统从基础到应用的完整学术逻辑和“全链条”实践；二是充分体现了学科交叉的特点，涵盖光学工程、仪器科学与技术、信息与通信工程、环境科学与工程、计算机科学与技术等学科门类，学科跨度大，将为不同专业人士的应用实践提供有益参考。

保障三峡库区水生态环境质量安全，确保“一江清水向东流”，对维护整个长江流域乃至全国生态环境安全具有十分重要的意义。我相信该系列专著能够为加快完善长江流域国家地表水环境监测网络，推动长江生态环境保护与修复，推进长江流域水环境质量持续改善，将积累有重要价值的知识资料和实践经验。

中国科学院院士

2020 年 10 月

前　　言

长江三峡水利枢纽工程（简称三峡工程）是开发、治理和保护长江的关键性骨干工程，是当今世界综合规模最大的水利枢纽工程。安全运行近 20 年来，三峡工程在防洪、发电、航运、生态等多方面源源不断地发挥综合效益，成为“国之重器”，是改革开放以来我国发展的重要标志，是支撑长江经济带高质量发展、助力长江生态文明建设的典范。

然而，三峡工程对长江流域生态环境影响的争论依然存在，相关监测与研究也在持续开展中。国务院三峡工程建设委员会办公室（简称“国务院三峡办”）于 1996 年建设了跨地区、跨部门、跨学科的“长江三峡工程生态与环境监测系统”。迄今，该系统获取了工程建设期及试运行期间大量的生态环境背景资料，为分析研究三峡工程运行对长江生态与环境的影响奠定了坚实的基础。但既有的生态与环境监测系统存在体系庞大、分散，实时性差，难以应对大尺度、敏感性和突发性等问题。因此，需要在现有生态与环境监测系统的基础上，完善专业监测系统，提高实时监测能力，增强信息集成和综合分析能力；通过“互联网+”的升级与优化，实现对生态环境演变的感知，满足综合管理、实时管理和应急管理的需求。

本书以水生态环境感知系统为主线，以三峡水库水环境在线监测系统设计为案例展开论述。全书共分 5 章。第 1 章为水生态环境感知系统的构成与基本特征，集中描述水生态环境感知系统的概念，阐述水生态环境感知系统的基本特征与基本原理，介绍了水生态环境感知研究与应用进展。第 2 章汇总梳理了三峡水库水生态环境的演化特征，分析了当前三峡水库湖沼演化的主要过程及其参数化表达方法，着重结合典型支流水体富营养化特征与过程，分析了支流关键生态动力学过程的参数阈值及其特征，为进一步开展水生态环境感知系统预测预报模型提供基础。第 3 章将视角回归到三峡水库，分析了长江三峡工程生态与环境监测系统的现状与存在的问题，提出了在三峡水库开展水生态环境感知系统建设的必要性与意义。第 4 章探讨了三峡水库水环境在线监测系统总体建设方案和各子系统建设方案，本章节作为三峡水库水生态环境感知系统顶层设计的核心部分，将为后续开展三峡水库水生态环境感知系统建设提供基础支撑。第 5 章对当前存在的问题与未来发展进行了梳理。

本书主要取材自中国科学院重庆绿色智能技术研究院（中国科学院大学重庆学院）先后承担的国家“十二五”水专项课题、国务院三峡办“三峡工程综合管理能力建设实施规划”等研究任务，参与上述工作的主要成员有：袁家虎、王国胤、郭劲松、尚明生、张学睿、王鼎益、李哲、吴迪、闪锟、周博天、黄昱、欧阳文娟、李勇志等，篇幅所限，此处不再一一罗列。书稿所涉及的研究成果是上述科研团队的集体智慧与辛劳结晶。全书由欧阳文娟、李哲统稿。

水生态环境感知系统建设与应用近年来发展迅速，知识结构与技术内涵也在不断地更新、丰富与完善。三峡水库水生态环境感知系统庞大，涉及的学科领域众多，尽管本书已成稿，但编者深知自身知识和认识水平有限，书中难免有疏漏之处，恳请专家和读者不吝批评指正。

目　录

1　水生态环境感知系统的构成与基本特征

1.1　水生态环境感知系统的概念与基本特征

“感知”，是感觉与知觉的统称，在《现代汉语词典》（第7版）中的语意是“客观事物通过感觉器官在人脑中的反映，比感觉复杂、完整”。水生态环境感知系统，顾名思义，是依托现代互联网技术，有效、及时、准确地获取水生态环境系统的各种信息，并通过科学的数据分析方法客观地掌握水生态环境的状态，准确判断水生态环境的变化过程与趋势，服务水生态环境的管理需求，实现水生态环境良好治理的体系或系统的总称。

本质上，水生态环境感知系统是在传统水生态环境监测系统基础上的“互联网+”的升级与优化。它不仅仅停留于对既有的水生态环境监测系统进行自动化、在线化的简单改造，更重要的是借助当前先进的大数据分析方法，有机地融合多源、多尺度的生态环境系统信息，全方位地展现水生态环境的变化特征，实现对水生态环境变化的精准判断。因此，水生态环境感知系统充分具备了以下三个主要特征[1-4]。

（1）跨界融合，创新驱动。水生态环境感知系统，不局限于对水生态环境变化的跟踪，而是融合环境遥感、机器人（无人机、无人船、无人潜航器）等新技术和新手段，综合开展陆地、水体（水面、水下）、航空（无人机）、航天（卫星）等多尺度、多维度的监测与环境信息分析。在水生态环境感知系统中，不单纯涵盖既有的易实施的在线、自动监测的生态环境指标，如水体pH、溶解氧、温度、电导率、氧化还原电位、浊度等，而且以水生态环境感知系统的“感知”要求，创新地发展新型的水生态环境在线监测手段或方法，如水生物监测、水生态综合特征监测等，通过传感器开发、新型仪器装备创制与应用，拓展水生态环境感知的范围，深化对水生态环境变化的认识，同时要求在数据传输通信、信息集成与分析等方面实现创新，驱动水生态环境感知系统从基础到应用的全面发展。

（2）以人为本，重塑结构。传统水生态环境监测系统，依托人力对有限的监测断面或监测点位开展定期或不定期的监测，“指标化”倾向明显，也显著制约了对水生态环境管理目标的实现。水生态环境感知系统，将实现从有限空间点位的监测（或连续在线监测）到对水生态环境系统的感知，实现从状态的跟踪到过程的全面掌握，进一步形成由点及面、由局部到整体的有限拓展与整体感知，将在一定程度上改变依赖于离散指标或局部信息进行经验性主观判断的水生态环境管理方式，借助于数据推演实现对水生态环境变化的连续跟踪与预测预报，对可能发生的不利现象（如突发性污染事件等）实现预警，这将在一定程度上重新建构水生态环境的管理方式，实现对水污染与水环境恶化的早发现、早干预。

（3）开放生态，连接一切。水生态环境感知系统既非单纯是部分水环境指标的自动化或在线化监测，也非闭合孤立的系统。在一切皆可互联的“互联网+”时代，水生态环境感知系统应具有“海纳百川”的特点。围绕水生态环境的变化，它不仅涵盖“硬”监测，也囊括了对长期气候变化、流域环境改变、社会经济发展等方面的“软”跟踪，是可以“连接一切”的开放体系。在该系统中，水生态环境变化成为自然、社会等诸多自变量干扰下的因变量。水生态环境感知系统，已超越了对因变量的跟踪和描述，更需要建立自变量与因变量之间的因果关系，实现因果关系的真切“感知”，提升对水生态环境系统的管理能力。

1.2 水生态环境感知系统的构成

水生态环境感知系统，以水生态与水环境变化为主要对象，通过系统构建，实现对水生态与水环境变化的监视与响应。按照面对对象与服务功能的属性特征，水生态环境感知系统可分为野外在线监测网络、在线监测中心、应用服务部门（图 1-1）。野外在线监测网络，包括涉及水生态环境变化的各种在线监测子系统、监测站点与监测仪器等。在线监测中心，是水生态环境感知系统的信息传输、储存与处理的重要单元，所形成的水生态环境感知系统数据产品直接服务于地方管理部门（如生态环境部门、应急管理部门）或者流域管理部门。

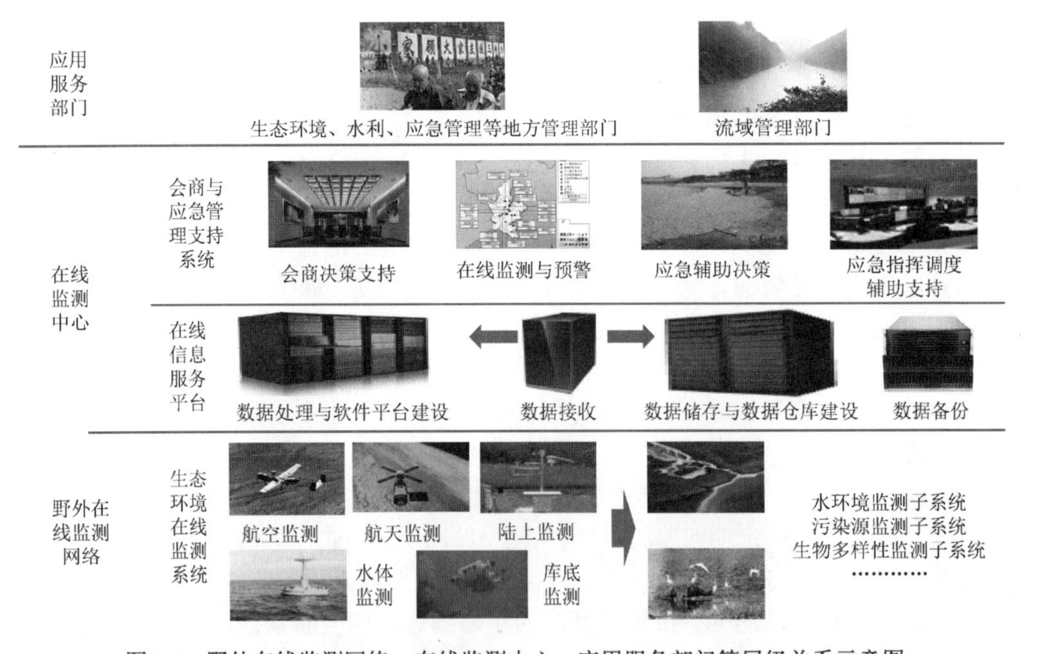

图 1-1 野外在线监测网络、在线监测中心、应用服务部门等层级关系示意图

因此，在纵向上，水生态环境感知系统可以大致划分为以下三个功能版块。

（1）信息获取。信息获取是指水生态环境感知系统信息获取的途径、方法与仪器设备。通常情况下，水质在线监测仪器是监测水环境质量的最基础仪器，但在水生态环境感知系统中，由于“水生态环境变化”的内涵和范畴已被扩大、泛化，涉及水量、水质、水生态变化的诸多功能单元均可以被纳入水生态环境感知系统的信息获取部分，因此，水生态环境感知系统中的信息获取部分，除水质在线监测仪器所能提供的监测信息外，还包括水文与水动力、气候气象条件、水生态变化要素（浮游生物、藻毒素等）、水量调节单元（如取水泵站、闸坝等）、水质变化单元（如自来水厂或污水处理厂站，以及它们的各工艺单元），甚至还包括同人类活动密切相关的社会经济发展、城镇分布、交通航运条件等诸多方面。在万物皆可互联的“互联网+”时代，水生态环境感知系统的信息获取部分，已从单纯的水生态环境系统的自身感知，延展到任何同其相关的环节或细节。

（2）信息传输、储存与处理。信息的高效、无偏传递与整合，是有效实现水生态环境感知的关键。在水生态环境感知系统中，信息传输不仅仅停留于将在线监测数据通过各种通信手段传输返回，而是在于如何实现多源、多尺度数据的有效传输、储存与处理。譬如，对某些水环境指标，如 pH、溶解氧、电导率、浊度、氧化还原电位等，在线监测能够实现秒级的频率监测；而对某些水生态指标，如浮游生物群落结构与分布等，则较难实现在线监测，通常数据仅能逐周或逐月获取；而一些人类活动的监测指标，其变化的时间与空间尺度远大于某一水生生态系统。因此，如何有效、无偏地整合多源、多尺度数据，便成为信息传输、储存的关键。此外，适配的信息处理技术也成为水生态环境感知系统的重要内容之一。

（3）信息展现与决策支持。信息展现与决策，是水生态环境感知系统客户端研究开发的重点。面向水生态环境感知系统的服务对象，满足各类政府业务部门、专业用户（科研院所、高校）、社会大众对水生态环境感知信息的不同要求，是水生态环境感知系统信息展现与决策支持的重要基础。除常规展现水生态环境变化过程以外，当前的水生态环境感知系统还要求对水污染突发事件、水生态环境变化等实现精准的预测预报，并且服务管理部门的需求（环境监测、污染排查与核查、应急管理、城乡规划、社会经济发展规划、舆情跟踪等）。水生态环境感知系统也是水生态环境保护、文化、教育、科技宣传的重要平台，通过及时发布水生态环境变化信息，满足公众知情权的要求，提倡公众参与，促进水生态环境保护各项工作的开展。

1.3 水生态环境感知系统的研究与应用进展

1.3.1 简述

美国是全球范围内较早开展水生态环境感知系统研发与应用的国家，也是当前在该领域较领先的国家。本节对美国近年来水生态环境感知系统的研究与应用情况进行简单梳理，为后续在三峡水库开展水生态环境感知系统设计提供参考。

20 世纪 90 年代后期，在《清洁水法案》（Clean Water Act）的要求下，美国国家环境保护局（Environmental Protection Agency，EPA）应国会关于环境信息公众知情权相关法案的要求，便着手在其官方网站上公开已有的环境监测信息，包括饮用水水源地位置和基本的监测指标（pH、浊度、溶解氧等）、污水处理厂排污口位置与常规监测指标、河流湖泊等内陆水体的部分站点水文水质信息。1998 年，EPA 提出了环境信息交流网络

（Environmental Information Exchange，https://www.exchangenetwork.net/）的工作设想，拟提供一个经过官方认可的信息交流和数据服务平台，用于联邦、各州和居民社区共享环境监测信息，支持各层级利益攸关方获得可靠、可解读的环境数据，服务政府决策，保障公众知情权，改善环境质量。环境信息交流网络成为美国全国范围内实现生态环境信息共享的最初雏形。“9·11”事件后，应美国国土安全部的要求，部分环境信息（如饮用水水源地、水处理设施位置、重要污染源等）因在反恐问题上的敏感性，从公众网络中被撤下、隐藏或滞后公开。但这并未阻碍 EPA 环境信息公开与“在线化”应用的步伐。随着一些水文水质指标的监测实现“在线化”，在 2005～2007 年，美国许多州已能够实现全域水文水环境信息在监测 2h 内公布上网。2010 年以来，EPA 进一步整合了其水生态环境在线监测系统，有效支撑了 EPA 当前着力开展的生态环境修复工作。其中，最具有代表性的应用之一便是构建的五大湖区流域环境数据信息系统（Great Lakes Environmental Database System，GLENDA）。

同 EPA 并行的另一套体系是美国地质调查局（United States Geological Survey，USGS）。USGS 依托其在地理与自然资源方面的技术优势，在 2000 年前后逐步推进既有内陆水体（河流、湖泊等）的“自动监测”。迄今，USGS 已经完成国家水信息系统（图 1-2），监测点位涵盖美国 50 余个行政管辖区域，有 190 万个监测点位的在线监测数据，包括地表水数据、地下水数据、水质数据和水利用数据。其中，地表水数据包括监测点位的水位、流量及河道地形等基本信息；而水质数据则涵盖了自 2005 年 9 月以来美国 440 多万份水质历史分析汇编成果，包括水、沉积物的物理、化学与生物指标，主要指标有 pH、电导率、温度、营养盐浓度、农药浓度水平与挥发性有机物等。目前，USGS 已经实现了水文数据和部分水质数据的“在线化”；但对于绝大部分水质数据而言，依然是离散的样本数据集。用户可根据需要随时随地下载上述信息，也可以通过添加更多的当前数据、修改辅助性数据、增强检索选项等。

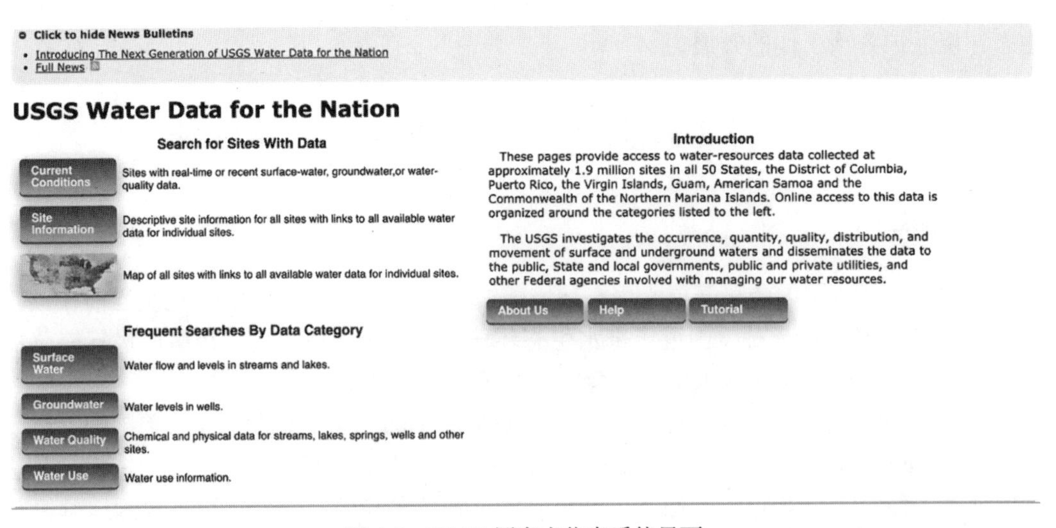

图 1-2　USGS 国家水信息系统界面

基于商业云平台（Amazon 或 Google），USGS 开发了面向生态环境系统的“云友好”数据结构，其主要特点包括：①对象存储是非层次结构的；②每个对象都有一个全局唯一的标识符；③通过分块和压缩数据存储来利用对象存储等。在此基础上，USGS 于 2019 年 2 月颁布了新一代国家水信息系统的示范页面，在既有地理信息、水文信息的基础上，融合了水质与水生态要素历史演化序列和可“在线化”的监测数据，形成了对目标流域全面的水生态环境在线监测系统。

除了 USGS 外，美国商业部下属的美国国家海洋和大气管理局（National Oceanic and Atmospheric Administration，NOAA）也建立了相对系统、完善的生态环境监测网络。尽管 NOAA 的工作重点在于了解和预测气候、天气、海洋和海岸的变化，保护和管理海岸及海洋生态系统和资源，对内陆水体（inland water）并不常涉及，但 NOAA 主导了在五大湖开展的水生态环境在线监测建设运营工作，并协助 EPA 开展了五大湖水质预警预报与管理。

1.3.2 五大湖水生态环境感知系统的建设与应用

五大湖是位于加拿大与美国交界处的 5 个大型淡水湖泊，按面积从大到小分别为苏必利尔湖（Lake Superior）、休伦湖（Lake Huron）、密歇根湖（Lake Michigan）、伊利湖（Lake Erie）和安大略湖（Lake Ontario）。除密歇根湖全属于美国外，其他 4 个湖为加拿大和美国共有。这 5 个湖泊所组成的五大湖是世界上面积最大的淡水水域，总水量为 22671km^3，约占世界地表淡水的 21%。

20 世纪 50～70 年代，北美经济高速发展，五大湖流域水质恶化、水生态退化明显。五大湖（尤其是伊利湖、密歇根湖）水体富营养化与水华现象持续，工业污废水排放的持久性有毒有害物质污染导致健康风险加剧，入侵物种显著破坏了流域生态平衡。1972 年，美国和加拿大两国共同签署了《大湖水质协议》，两国同意减少来自工业与城镇的污染，严格控制入湖磷负荷，以减缓水华暴发。1978 年，在富营养化管理基础上，两国开始关注持久性有毒有害物质的防控，并提出了流域内 43 个“关注地区”的清单，制定管理计划，实现污染物削减与治理。2012 年，美加两国再次续签并修订了《大湖水质协议》，并通过 9 个具体目标和 10 个附件进一步承诺解决五大湖面临的问题，强调从全流域生态系统的角度，提出恢复和维持五大湖物理、化学、生物完整性的总体目标。

为服务大湖环境管理需求，1974 年，NOAA 成立了五大湖环境研究实验室（Great Lakes Environmental Research Laboratory，GLERL）。GLERL 是 NOAA 下属的 7 个联邦研究实验室之一，旨在开展五大湖环境和生态系统研究，提供科学信息和服务，支持影响五大湖区环境、娱乐、公共卫生和安全、经济发展决策等。在成立伊始，GLERL 便强调了信息化在五大湖生态环境监测中的作用。依托各种项目经费，GLERL 建立了庞大的生态环境在线监测与信息分析系统。

1）在线气象观测系统

对区域气象条件开展实时在线观测，满足对湖浪、水位、水文、环流的短时预测与预报。

2）实时岸线观察网络

采用一系列实时在线的网络摄像头，对湖岸陆域情况和水域情况进行跟踪观测，以便公众掌握湖岸信息、制定出湖计划安排。观测点位为沿湖近岸主要城市或社区的码头、湖滨公园、沙滩等。

3）实时综合浮标观测系统

实时综合浮标观测系统包括东部湖区和西部湖区两个部分（图 1-3）。作为综合在线监测平台，浮标系统的监测指标包括：①地理要素（如区域位置、GPS 定位经纬度、海拔等）；②局地气象条件（如气温、气压、风速、风向、辐照度等）；③湖面表层情况［如波浪高度、波浪方向、所在位置水深、表层水体各种常规水质理化指标、藻青蛋白（phycocyanin）等］；④水柱状态（如不同水层深度的流速与流向）；⑤近湖底情况（如湖底温度等）；⑥仪器自身工程参数（如仪器电压、电池容量等）。

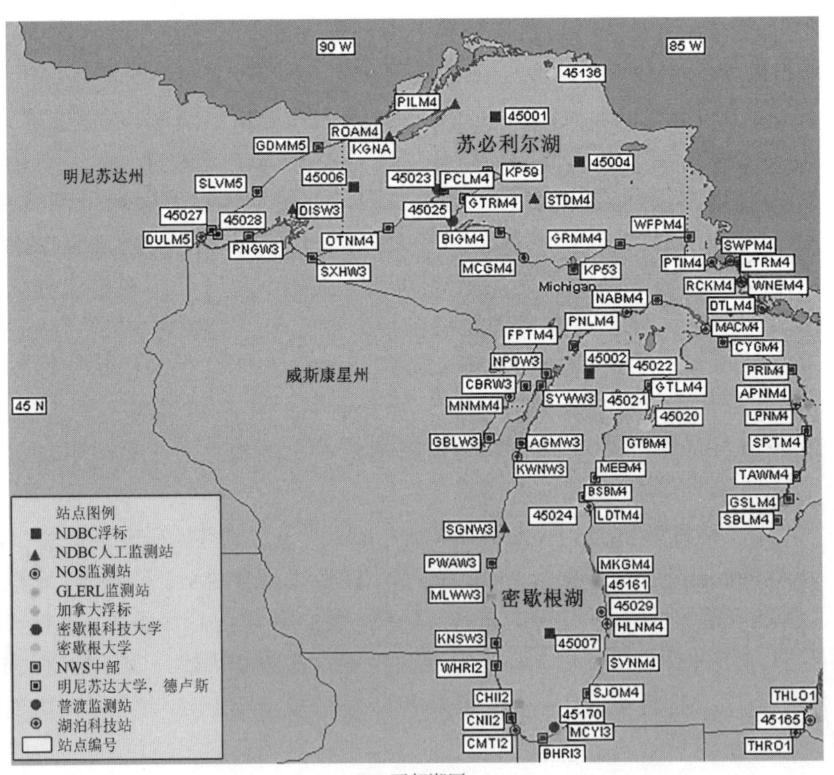

(a) 西部湖区

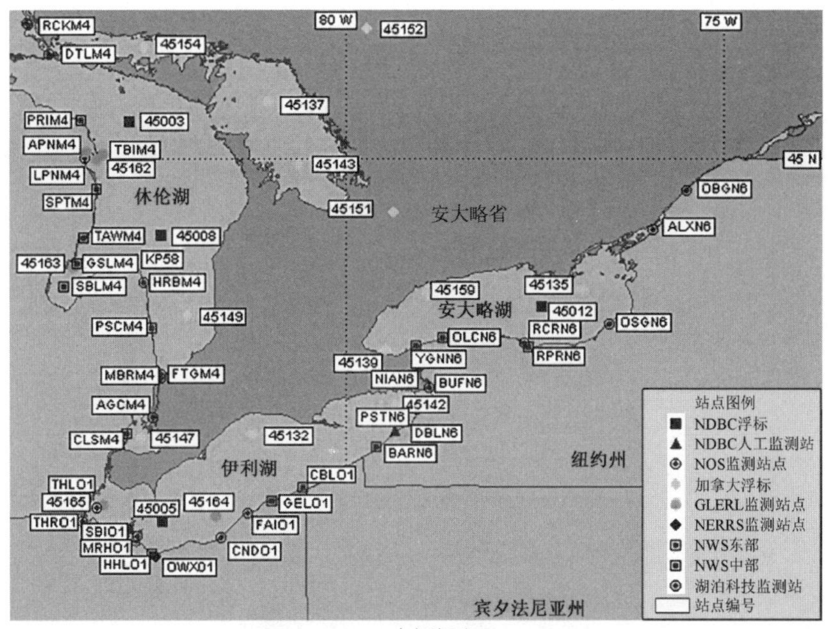

(b) 东部湖区

图 1-3 五大湖实时综合浮标观测系统的分布情况

注：NDBC（National Data Buoy Center，国家数据浮标中心）；NOS（National Ocean Service，国家海洋局）；NERRS（National Estuarine Research Reserve System，国家河口研究保护区系统）；NWS（National Weather Service，国家气象局）
来源：https://www.ndbc.noaa.gov/maps/EastGL.shtml

4）湖泊有害藻华与湖底低氧区形成的监测预警预报系统（伊利湖）

该系统为研究型综合在线监测系统（图 1-4），主要目的是了解有害藻华和湖底低氧区形成的驱动因素与过程，采用卫星影像、环境遥感、常规浮标在线监测等综合方法来探索有害藻华、藻毒素浓度分布与湖底低氧区形成的长期和短期动态，建立预测预报系统，及时提供水生生态系统变化的趋势与方向，向社会公众公开或服务于相关利益团体（如近岸自来水厂等）。

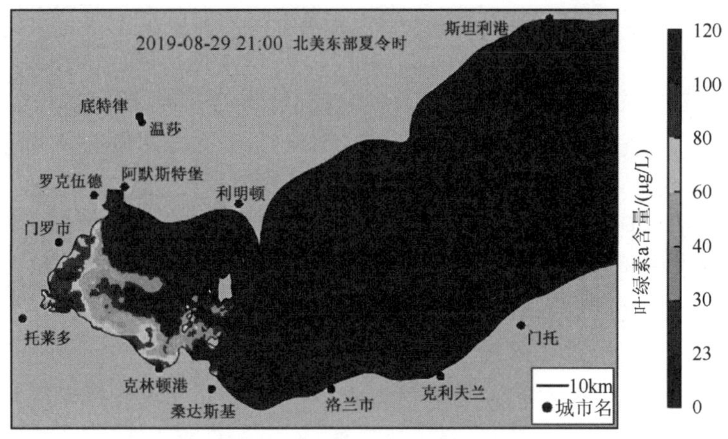

(a) 伊利湖西岸水华分布情势预测

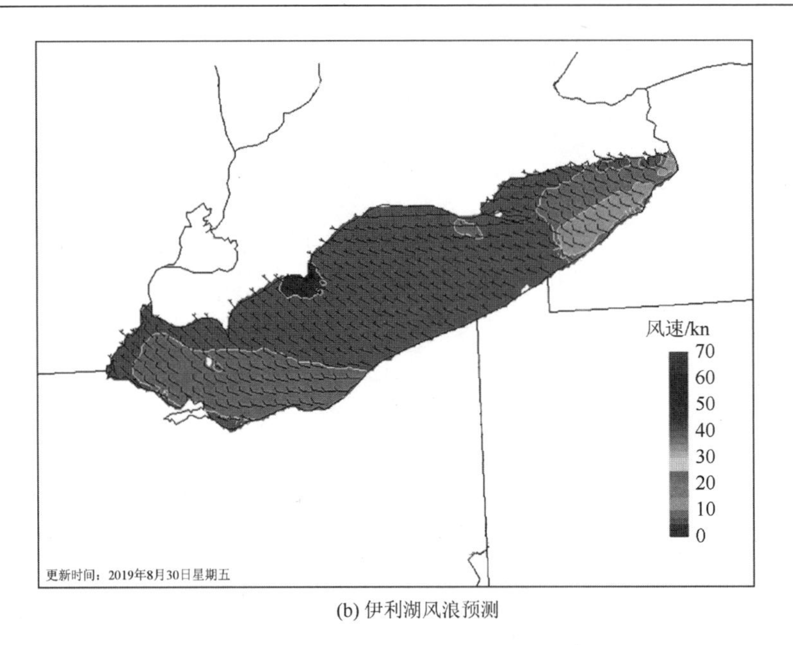

(b) 伊利湖风浪预测

图 1-4　伊利湖水华预测预报系统结果

注：1kn = 1.852km/h = 0.5144444m/s。
来源：https://www.glerl.noaa.gov/res/HABs_and_Hypoxia/habTracker.html

此外，以 GLERL 自身建设的站点为主，五大湖水生态环境在线监测与信息分析系统还整合了加拿大的浮标观测系统、野外台站长期观测平台、国家河口研究保护区系统、EPA 综合大气在线监测网络、USGS 流域水系水文与营养物综合监测系统等监测与研究平台，并同 EPA 定期野外生态环境科学考察航次（科考船名称 Lake Guardian）和其他非在线监测获得的生物（鱼类、底栖、水鸟、入侵物种等）、生态观测数据相互兼容，形成了较为系统、庞大的生态环境综合观测平台，即 EPA 倡导下形成的 GLENDA，实现了 EPA 提出的五大湖合作科研与监测倡议的目标。

综合上述情况，从水生态环境感知系统的特征与应用的视角，五大湖水生态环境监测网络具有以下突出特点。五大湖的水生态环境监测网络建设，起步于 20 世纪 90 年代，除 NOAA 外，EPA、USGS、NERRS 等机构均建立有自己相对独立的监测系统体系。但不同机构或不同部门之间并未完全割裂或独立，相反，在 EPA 提出的合作科研与监测倡议下，多学科、多部门获取的各种类型的水生态环境数据，能够在各部门之间实现高度开放共享，实现对各部门、各议题之间交叉的业务需求。这是五大湖水生态环境监测网络的重要特征。不仅如此，尽管各个部门的优势和特长各不相同，且在水生态环境监测研究中的关注与需求也有差别，但为满足跨部门、跨学科之间水生态环境监测数据交换的需要，EPA 倡导建立了相对统一的数据交换平台和数据模式（数据格式、通信协议等），为实现多源、多尺度数据在跨系统之间的高效、无缝流动提供了关键的基础支撑。

近 20 年来，五大湖区生态环境工作逐渐由污染治理转向生态修复和恢复。2010 年 EPA 正式提出了《大湖生态修复倡议》，迄今已经完成了两个阶段的生态修复实施工作。第三阶段的生态修复计划也将在 2020～2024 年执行。在五大湖生态修复开展的过程中，水生态环境监测网络所扮演的角色，逐渐从展现生态环境变化的“跟踪者”，向生态环境变化的“预言家”转变，因此对生态环境变化“感知”层面的要求和技术需求也日益增加。近年来，GLERL 已开始基于既有历史数据，建立大湖生态环境演变的大数据驱动预测模型，预测水华与富营养化的总体演变趋势。但同时，应当明确水生态环境感知系统并非万能。许多生态环境指标，尤其是生物多样性的跟踪观测，并不能够通过庞大的在线监测网络实现“实时化”“大数据化”的目标。未来五大湖区水生态环境监测（“感知系统”）的发展，依然值得关注和期待。

1.4　本书总体思路

实施水生态环境系统的在线监测和综合“感知”，不仅可实现对水环境质量实时连续监测和远程监控，及时掌握重点监控区域的水体环境质量，而且可预警预报重大或流域性水质污染事故，解决跨行政区域的水污染事故纠纷，监督总量控制制度落实情况，是水生态环境管理与规划、水生态修复的重要决策支持工具。

近年来，水质在线监测技术在许多国家地表水监测中得到了广泛应用，我国的水质自动监测站的建设也取得了较大的进展，生态环境部已在我国重要河流的干支流、重要支流汇入口及河流入海口、重要湖库湖体及环湖河流、国界河流及出入境河流、重大水利工程项目等断面上建设了 100 个水质自动监测站，监控包括七大水系在内的 63 条河流、13 座湖库的水质状况。但是，水质自动监测系统多限于生态环境管理部门内部，针对重点流域跨部门、跨系统的应用仍不够充分。

水生态环境感知系统，是在水环境监测（或自动监测）的基础上进一步集成优化形成的（图 1-5）。实现从有限空间点位的监测（或自动监测）到对水生态环境系统的感知，需要优化有限的水环境监测点位，实现对水生态环境系统“敏感区”“特征区”的覆盖，进一步形成由点及面的有限拓展与整体感知，同时也需要在有限的、可“在线化”的环境变量基础上，寻找表征水生态环境系统的关键指标，通过数据推演，由局部到整体地感知水生生态系统状态，对水生态环境管理提出相应要求。

	水环境监测 →	水环境在线监测 →	水生态环境感知
功能	状态跟踪	过程识别	认知推演
1. 时空属性	• 离散	• 连续	• 连续+离散
2. 观测对象	• 有限、局部	• 有限扩展、局部	• “无限”、整体
3. 信息分析	• 存储	• 存储、展示	• 存储、展示、推演
4. 硬件匹配	• 简单(探头+电脑)	• 简单(浮标+传输+电脑)	• 复杂(系统集成)
5. 运行管理	• “个体户”	• “小公司”	• “大企业”
技术难点	已商品化、无困难	环境变量的“在线化” 数据传输的“稳定化”	多源信息与既有经验的耦合 感知推演的智能化
大型水体 应用难点	人工监测、无困难	离散点位的有限优化 时空约束下的信息展示	多源信息降噪与融合 跨时空尺度的数据驱动

图 1-5　从水环境监测到水生态环境感知的区别

三峡成库后，水文情势剧变显著改变了三峡库区长江干支流水生态与水环境的特征，在较短的时间内（数年），三峡库区长江干支流由河流生态系统（“河相”）逐渐向湖泊生态系统（“湖相”）演化，而三峡水库的湖沼演化又进一步受常态化水库调度运行、高强度的流域开发与人类活动等方面的影响。在变化水文环境干预下，三峡水库水生生态系统是否已经达到稳定状态？未来演化趋势如何？目前仍难以准确、科学地予以回答。尽管当前三峡水库水环境质量总体良好，但支流富营养化与水华现象突出，且随着三峡库区社会经济高速发展，突发性水环境污染风险依然存在。

因此，现阶段，构建三峡水库水生态环境感知系统，总体思路可概括归纳为“顶层设计、有的放矢；重点攻关、集中突破”，即以三峡水库水生态环境感知系统的业务化运行为导向，在基础研究中，着重破解生态环境感知系统构建中的若干关键科学问题，从三峡水库水生态环境总体特征入手，在宏观层面服务于感知系统顶层设计的科学需求，在微观层面聚焦于当前三峡水库较为突出的支流富营养化与水华问题，研究分析富营养化过程同关键生源要素循环、重要生态环境参量之间的耦合关系，掌握感知三峡典型支流水华过程的方法学基础。在技术攻关版块，以业务化运行的技术装备需求为导向进行工作布局，从关键技术研发与重点装备创制，逐步拓展到感知平台搭建与数据推演分析的全过程，打通感知系统全技术链条，结合三峡水库典型支流库湾“感知”水华的方法学基础和具体工程示范，实现由点及面、由局部到整体的技术集成与应用。围绕上述“二元”耦合思路，实现基础研究有目标、技术攻关有抓手、示范工程有价值，如图 1-6 所示。

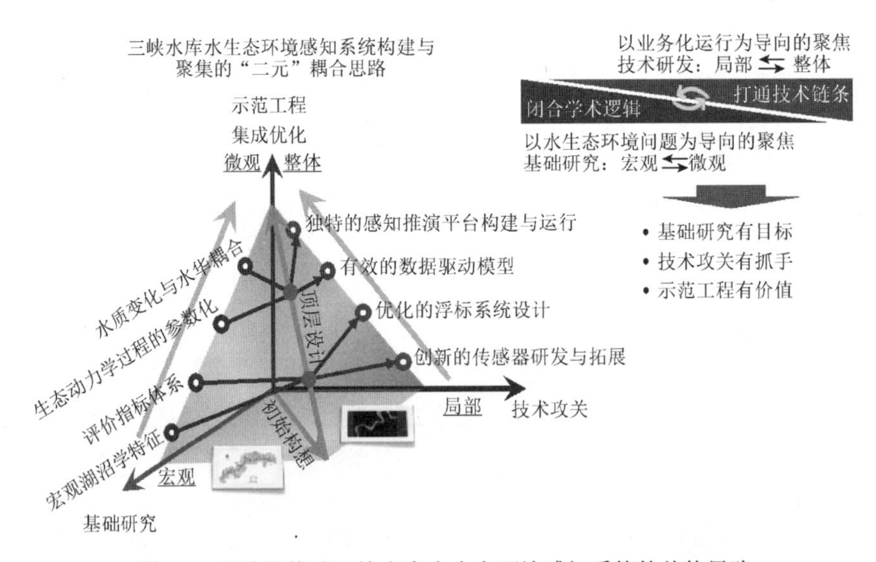

图 1-6　现阶段构建三峡水库水生态环境感知系统的总体思路

2　三峡水库水生态环境演化特征与参数化表达

2.1　三峡工程概况

三峡工程，全称为“长江三峡水利枢纽工程”，是在长江上游段建设的特大型水利水电枢纽工程项目（图 2-1）。整个工程由大坝、水电站厂房和通航建筑物三大部分组成，包括一座混凝重力式大坝、泄水闸、一座堤后式水电站、一座永久性通航船闸和一架升船机。建成后，三峡工程具有防洪、发电、航运及供水等综合利用效益。三峡工程分布在重庆市到湖北省宜昌市的长江干流上，大坝位于三峡西陵峡内的宜昌市夷陵区三斗坪镇，并和其下游不远的葛洲坝水电站形成梯级调度水电站。

图 2-1　三峡工程全景图

来源：Google

在长江三峡建造大坝的设想最早可追溯至孙中山《建国方略》（1919 年发表）一书中的实业计划，认为长江“自宜昌以上，入峡行”的这一段，“当以水闸堰其水，使舟得溯流以行，而又可资其水力”（第二计划第四部庚）。1953 年，毛泽东在听取长江干流及主要支流修建水库规划的介绍时，明确提出，希望在三峡修建水库，以“毕其功于一役”。1958 年 3 月中共中央成都会议上，形成了《中共中央关于三峡水利枢纽和长江流域规划的意见》指出“从国家长远的经济发展和技术条件两个方面考虑，三峡水利枢纽是需要修建而且可能修建”“但最后下决心确定修建及何时开始修建，要待各个重要方面的准备工作基本完成之后，才能作出决定”。毛泽东作“更立西江石壁，截断巫山云雨，高峡出平湖”（《水调歌头·游泳》）的词句表示出建设三峡工程的设想。在周恩来总理的主持下，开始了三峡工程的勘探、设计、论证工作，并邀请了苏联的水利专家参与。1992 年 3 月，李鹏总理等国务院领导将工程议案提交给第七届全国人民代表大会第五次会议审议，这是中华人民共和国历史上继 1955 年三门峡水电站之后第二件提交给全国人民代表大会审议的工程建设议案。1992 年 4 月 3 日，该议案获得通过，标志着三峡工程正式进入建设期。

1993 年，国务院设立了国务院三峡工程建设委员会，为工程的最高决策机构，由国务院总理兼任委员会主任，第一任主任为李鹏。此后，工程项目法人中国长江三峡工程开发总公司成立（后于 2009 年正式更名为“中国长江三峡集团有限公司”），实行国家计划单列，由国务院三峡工程建设委员会直接管理。1994 年 12 月 14 日，在三峡坝址举行了开工典礼，宣告三峡工程正式开工。三峡工程的总体建设方案是“一级开发，一次建成，分期蓄水，连续移民”。1997 年导流明渠正式通航，同年实现大江截流，标志着一期工程达到预定目标。到 2002 年中，左岸大坝上下游的围堰先后被打破，三峡大坝开始正式挡水。2002 年 11 月实现导流明渠截流，标志着三峡全线截流，江水只能通过泄洪坝段下泄。2003 年 6 月起，三峡大坝开始下闸蓄水，永久船闸开始通航。同年 7 月第一台机组并网发电，到 11 月，首批 4 台机组全部并网发电，标志着三峡二期工程结束。2006 年 5 月三峡大坝主体部分完工。2009 年全部完工（图 2-2）[5]。

图 2-2 建设期间的三峡工程

来源：Bing search

至 2020 年，三峡工程已连续运行十余年，运行正常，各项指标达到或优于设计要求，全面发挥了防洪、发电、航运和供水等综合利用效益，为长江经济带高质量发展提供了基础性保障，有力推动了我国现代化建设。2018 年 4 月 24 日，习近平总书记视察三峡工程时指出，三峡工程是国之重器，是改革开放以来我国发展的重要标志，是我国社会主义制度能够集中力量办大事的优越性的典范，是中国人民富于智慧和创造性的典范，是中华民族日益走向繁荣强盛的典范。2020 年 1 月，三峡工程荣获 2019 年度国家科学技术进步奖特等奖。

2.2 三峡水库的基本特征

2.2.1 三峡水库自然地理特征

随着三峡大坝 2003 年开始正式蓄水，三峡水库也孕育而生。三峡水库东起湖北省宜昌市夷陵区三斗坪镇，西至重庆市永川区朱沱镇，介于东经 106°～111°50′，北纬 29°16′～31°25′。三峡水库跨越渝、鄂中低山峡谷和平行岭谷低山丘陵区。三峡库区属湿润亚热带季风气候，具有四季分明、冬暖春早、夏热伏旱、秋雨多、湿度大、云雾多和风力小等特征。库区年有雾日达 30～40 天，库区年平均气温 17～19℃，无霜期 300～340 天，年平均气温西部高于东部。三峡库区各站年平均降水量一般在 1045～1140mm，空间分布相对均匀，但时间分布不均，主要集中在 4～10 月，约占全年降水量的 80%，且 5～9 月常有暴雨出现。库区水土流失严重，坡耕地平均侵蚀模数为 7500t/(km^2·a)，年侵蚀量达 9450 万 t，占库区年侵蚀总量的 60.0%，坡耕地年入库泥沙量达 1890 万 t，约为库区年入库泥沙总量的 46.16%[5]。

受地形地貌特征限制，三峡水库属典型的河道峡谷型水库[5]。当坝前正常蓄水水位为 175m 时，三峡水库五年一遇（上游来水流量为 61400m^3/s）回水水库面积 1045km^2，其中淹没陆域面积 600km^2；二十年一遇（上游来水流量为 72300m^3/s）回水水库面积 1084km^2，其中淹没陆域面积 632km^2。在正常蓄水水位为 175m 的枯水期（7Q10 流量状态下），三峡水库平均水面宽度为 986m，平均水深为 48.6m，坝前水深为 160～170m，回水区长度约 655km，末端位于重庆市江津区境内。同天然河道相比，正常蓄水水位条件下水库坝前水位抬高超过 100m，水库长宽比约 650∶1，库区最大水面宽度为 3411m，最小水面宽度仅为 279m，断面宽窄相差 11 倍，整体上水库蓄水后依然保持其河道峡谷型的形态特征，河道形态沿程依然复杂（表 2-1、图 2-3）。

表 2-1 三峡水库河道基本形态参数[5, 6]

坝前水位	水文条件	朱沱入库流量/(m^3/s)	平均水面宽度/m	平均流速/(m/s)	平均断面积/m^2	平均水深/m
145m	丰水年丰水期	17500	866	1.17	29311	36.5
	平水年丰水期	15175	859	1.09	28768	36.1
	枯水年丰水期	14050	846	0.99	28039	35.5
	1998 年丰水期	24620	892	1.39	31439	38.2
175m	7Q10 枯水期	2125	986	0.17	48100	48.6

注：1998 年长江全流域发生特大洪水，此处以 1998 年洪水期间流量为例；7Q10 是指 90%保证率连续 7 天最小流量。

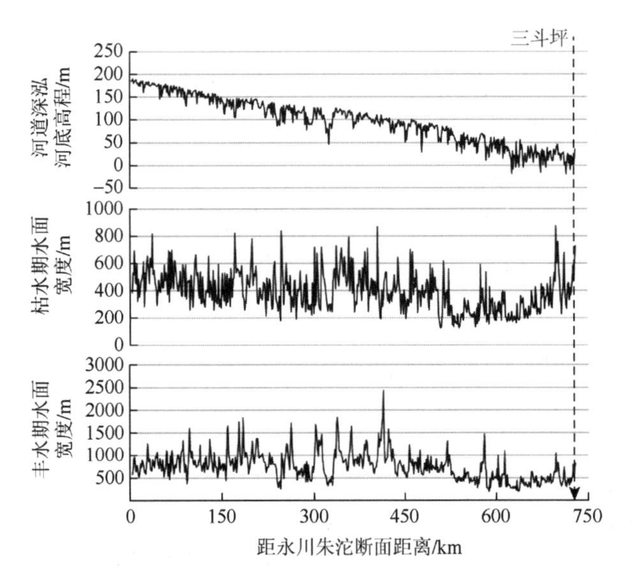

图 2-3　天然河道状态下三峡长江干流河道断面特征[5, 6]

按照满足防洪、发电、航运和供水的综合要求，三峡水库采用“蓄清排浑”的水库调度运行方式（图 2-4）。每年的 5 月末至 6 月初，坝前水位降至汛期防洪限制水位 145m，水库腾出约 221.5 亿 m^3 库容用于防洪。汛期 6～9 月，水库一般维持此低水位运行，水库下泄流量与天然情况相同。在遇大洪水时，根据下游防洪需要，水库拦洪蓄水，水库水位抬高，洪峰过后，仍降至 145m 运行。汛末 10 月，水库蓄水，下泄流量有所减少，水位逐步升高至 175m。12 月至次年 4 月，水电站按电网调峰要求运行，水库尽量维持在较高水位。4 月末以前水位最低高程不低于 155m，以保证发电水头和上游航道必要的航深。每年 5 月开始进一步降低库水位。

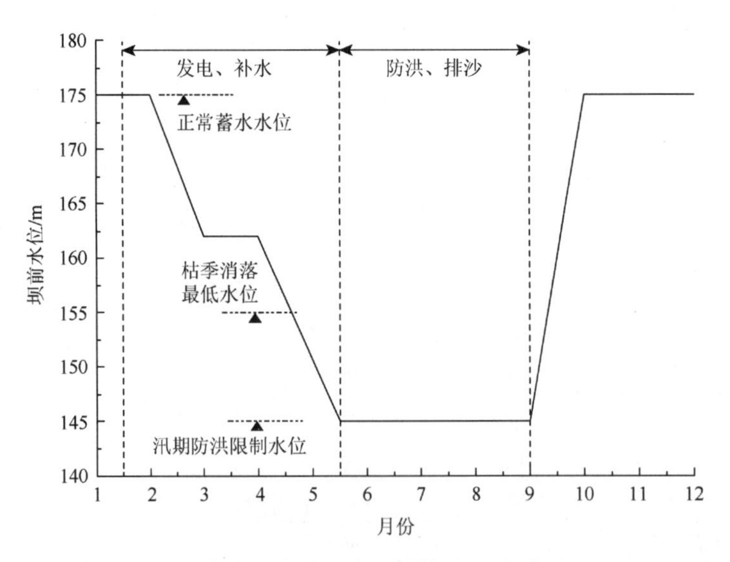

图 2-4　三峡工程调度运行方案

当坝前水位降至防洪限制水位 145m 时，从大坝前缘到 145m 水位水面线回水末端的天然河段（包括急流滩险）常年被淹没并处于水库状态，流速较缓、水深较大，此区间为"常年回水区"（图 2-5）。在三峡水库上游来水五年一遇的条件下，回水区末端距三峡大坝前缘 524km，位于重庆市长寿区境内。当坝前水位达到正常蓄水位 175m 时，回水末端即为水库水域的上游边界，距三峡大坝前缘 663km，位于重庆市江津区红花堡。从常年回水区末端（重庆市长寿区境内）至 175m 正常蓄水水位时的回水区末端（重庆市江津区红花堡），河段区间长度约 140km。该区间在汛后三峡水库蓄水至 175m 时，处于水库范围内，水面开阔，水深增加，流速减缓，但在汛期水库水位降低至防洪限制水位 145m 时，该区间又恢复到天然河道状态，故将这一区间称为"变动回水区"。

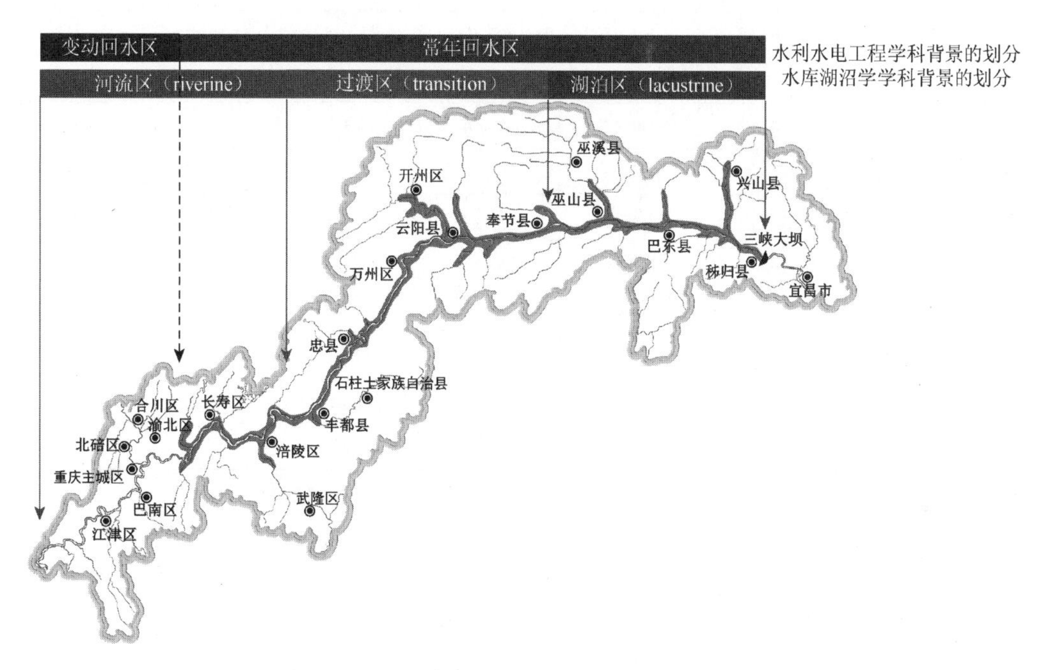

图 2-5 三峡水库变动回水区、常年回水区示意图

2.2.2 三峡库区社会经济概况

三峡水库淹没范围涉及湖北省和重庆市的 20 个区县的 227 个乡镇、1680 个村，面积为 5.79 万 km^2。其中湖北省有夷陵区、秭归县、兴山县、巴东县；重庆市有巫山县、巫溪县、奉节县、云阳县、万州区、石柱土家族自治县、忠县、开州区、丰都县、涪陵区、武隆区、长寿区、渝北区、巴南区、江津区以及重庆市主城区。根据 1991～1992 年对淹没区的调查，淹没区内共有耕地 2.6 万 hm^2，房屋总面积 3479.47 万 m^2，人口 84.75 万人。至 2004 年末，三峡库区总人口 1998.74 万人，其中农业人口 1400.38 万人，非农业人口 598.36 万人，非农业人口占总人口的比重为 29.9%。1997～2012 年三峡库区地区生产总值及构成与人均地区生产总值情况见表 2-2。

表 2-2 1997～2012 年三峡库区地区生产总值及构成与人均地区生产总值情况

年份	三峡库区地区生产总值/亿元	重庆库区地区生产总值/亿元	湖北库区地区生产总值/亿元	第一产业增加值/亿元	第二产业增加值/亿元	第三产业增加值/亿元	人均地区生产总值/元
1997	983.45	871.84	111.61	185.74	453.27	310.27	5078
1998	1052.58	926.61	125.97	192.65	504.40	356.44	5409
1999	1056.3	937.04	119.26	182.97	490.41	382.92	5404
2000	1138.89	1012.76	126.13	186.12	530.15	422.62	5792
2001	1258.31	1129.54	128.77	187.74	588.05	482.52	6413
2002	1413.77	1273.33	140.44	190.92	664.11	558.74	7169
2003	1610.57	1463.59	146.98	205.89	780.28	624.40	8113
2004	1877.33	1716.05	161.28	238.91	919.20	719.22	9393
2005	2308.08	2141.65	166.43	254.54	1023.77	1029.77	11448
2006	2577.33	2435.27	142.06	263.07	1100.57	1213.68	12671
2007	3042.13	2875.97	166.16	321.95	1352.29	1367.89	14802
2008	3821.34	3605.98	215.36	350.63	1857.28	1613.43	18478
2009	2877.46	2616.11	261.35	362.38	1575.80	936.52	13654
2010	3415.55	3087.01	328.54	390.64	1971.33	1053.58	16126
2011	4444.66	4000.01	444.65	486.62	2636.57	1321.47	20311
2012	5111.05	4564.27	546.79	547.81	2942.08	1621.16	23774

数据来源：《长江三峡工程生态与环境监测公报》（1997—2013 年）和库区各区县统计年鉴。

1997 年，三峡库区地区生产总值约为 983.45 亿元，至 2012 年增加到 5111.05 亿元，年均增长率为 11.61%。2012 年，人均地区生产总值达到 23774 元。1997～2012 年，三峡库区人均地区生产总值年均增长率为 10.84%。1997～2012 年三峡库区地区生产总值及人均地区生产总值变化趋势如图 2-6、图 2-7 所示。

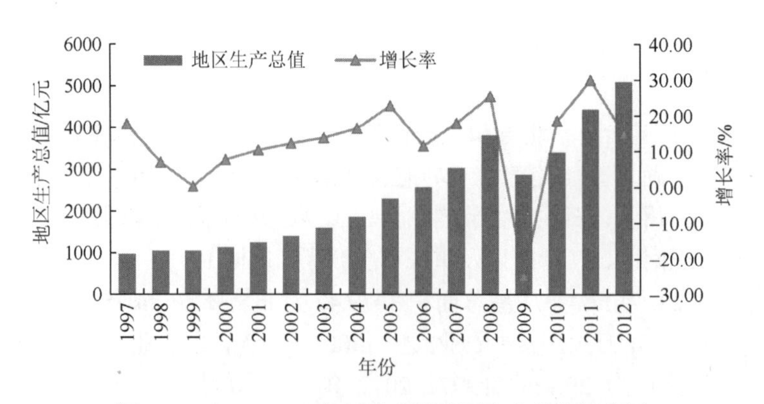

图 2-6 1997～2012 年三峡库区地区生产总值趋势图

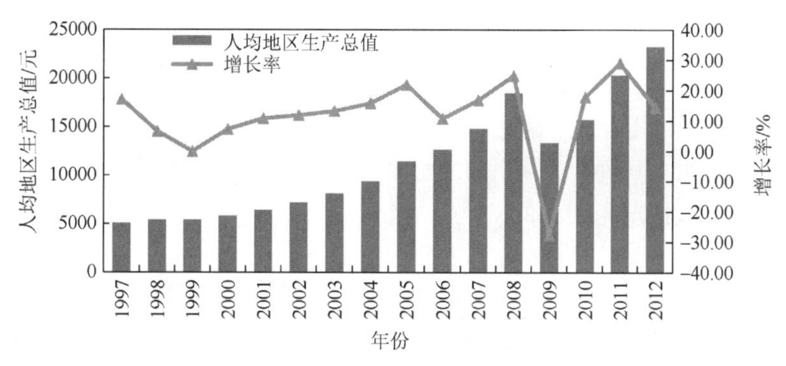

图 2-7 1997～2012 年三峡库区人均地区生产总值变化趋势图

截至 2013 年底，库区固定资产投资累计达到 2.6 万亿元，是三峡工程建设前的 150 倍。近 20 年的长足发展，三峡库区优化了产业结构，转变了库区发展方式，三峡库区正向现代产业迈进。

1997～2012 年库区实现了经济转型，三次产业结构由 1997 年的 19.6∶47.7∶32.7 调整为 2012 年的 10.7∶57.6∶31.7，产业结构演变如图 2-8 所示。第二产业比重增加幅度较大，已超过第三产业、第一产业，形成了“二三一”的产业结构。总体来看，三峡库区产业结构跟中国东部地区相比，第三产业的比重仍然偏低，有较大的增长空间。

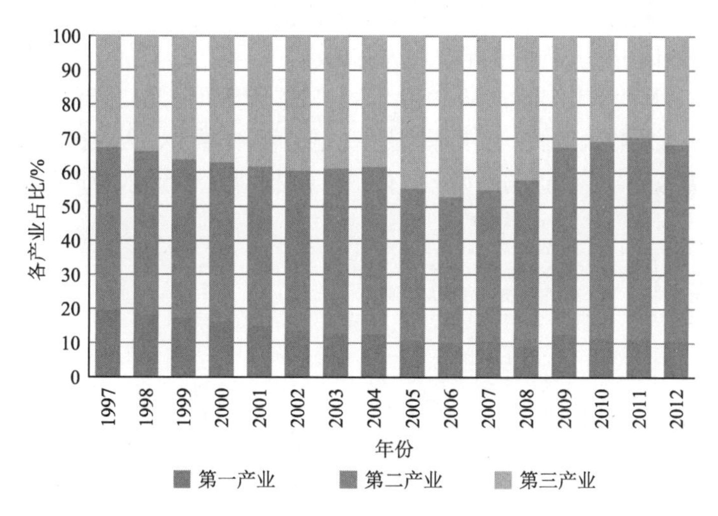

图 2-8 1997～2012 年三峡库区产业结构演变趋势图

1997～2012 年，固定资产投资从 1997 年的 300.85 亿元增加到 2012 年的 1533.39 亿元，年均增长率为 11.47%，增加了 4.1 倍。该时期社会公益类投资达到 32.05 亿元。该时间段是三峡工程建设的关键时期。

2.2.3 区域人口变化情况

三峡库区行政区域面积 7.9 万 km^2。多年来三峡库区总人口一直呈增长趋势，但增加幅度总趋势逐年降低，主要原因是国家政策上的调控和库区人口的移民。库区人口的增加可增大库区环境的压力。

城镇化率（又称城市化率、城市化度、城市化水平、城市化指标）是一个国家或地区经济发展的重要标志，也是衡量一个国家或地区社会组织程度和管理水平的重要标志。三峡库区城镇化率基本情况见表2-3。

表2-3 1997～2012年三峡库区城镇化率基本情况

年份	城镇化率/%	比上年度/%	年份	城镇化率/%	比上年度/%
1997	23.6		2005	30.9	3.34
1998	24.3	2.97	2006	31.5	1.94
1999	24.9	2.47	2007	32.2	2.22
2000	25.7	3.21	2008	33.0	2.48
2001	26.7	3.89	2009	35.5	7.58
2002	27.7	3.75	2010	39.5	11.27
2003	28.8	3.97	2011	43.2	9.37
2004	29.9	3.82	2012	44.2	2.31

2012年末，三峡库区城镇居民人均可支配收入和农村居民人均纯收入都持续增加（图2-9）。其中，城镇居民人均可支配收入从1999年的5462元增加到2012年的21276.5元，增加了2.9倍；农村居民人均纯收入从1999年的1823元增加到2012年的7385.01元，增加了3.05倍。库区城乡人均收入偏低，主要原因是库区仍属于大城市、大农村的背景，城镇化水平低，产业结构需要改进，该库区与新型工业化、信息化、城镇化、农业现代化仍有差距。

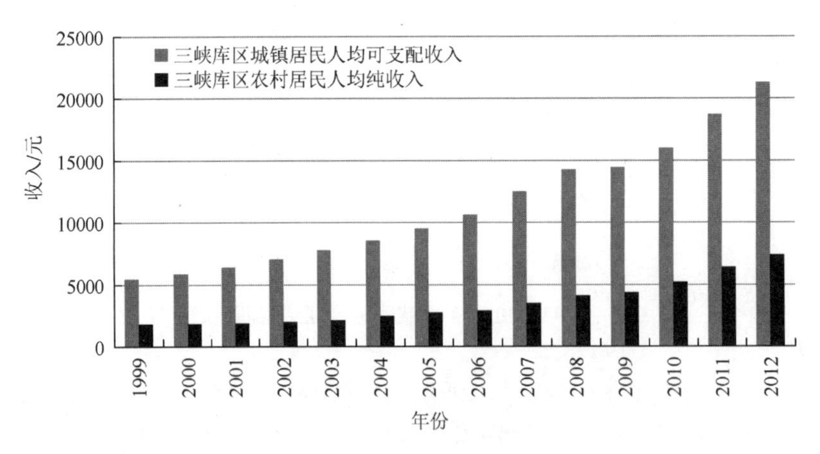

图2-9 1999～2012年三峡库区城乡居民人均收入情况

2.3 三峡水库水生态环境演化基本特征

湖沼学（limnology）是将湖泊、河流和湿地等陆地水体作为一个整体来研究的学科，广义上，研究对象涉及所有自然和人工的陆地水体（inland waters），如湖泊（淡水或咸水）、水库、河流、溪流、湿地和地下水[7]。湖沼学研究陆地水体生态系统的水生生物生长、生境适应、营养物循环、生产力等结构与功能特征及其组分间的相互关系，描述并评估物理、化学、生物环境对上述关系的调控机制[7,8]。湖沼学不仅涵盖了对水生生物物种特征及其相互关系的研究，而且强调了陆地水体单元（湖泊、河流、水库等）作为生态系统整体，其生物-非生物环境之间的相互关系与生态响应特征。

作为独立的生态系统，水库生态系统依托水坝修建对水坝上游水域（通常是河流）的物理生境改变而形成[9,10]。在时间边界上，水库生态系统以大坝蓄水开始作为其起始状态，水坝拆除、河道恢复后，水库生态系统的物理生境随之消失，水库生态系统消逝。另有观点认为，因淤积导致水库功能（调蓄、供水等）丧失是水库生态系统“死亡”的标志。在空间边界上，水库生态系统从水库同上游河流交接的入流断面开始，至水库水体过坝下泄出流断面结束。水库水体过坝下泄的出流断面相对固定，但水库上游的入流断面则受到水库运行、上游来水流量等多重影响而发生显著变化。

筑坝蓄水、水库形成将显著地呈现出以下四个方面的变化[11]。

（1）淹没区陆生生态系统退化消失[12]。筑坝蓄水将导致部分陆地受淹，迫使淹没区的陆生植被逐渐死亡、有机质（动植物残体、土壤中有机碎屑、腐殖质等）降解、养分与各种污染物（如汞、镉、砷等）溶出释放到水库[13]。因养分溶出，水库营养水平在蓄水初期（通常为3～5年）呈现显著升高的“上涌”现象[14]。

（2）水库生态系统的形成与发育、演替[15]。蓄水后，在原有河流本底状态基础上发育演替形成了河流-水库的“新生”生态系统。在空间上，系统各要素呈现由“河相”向“湖相”过渡的梯度变化[16]。在时间上，“新生”水库在经历初期“上涌”后[14]，随库龄增长水库生态系统逐渐发育并趋于稳定，且受上游来水和水库运行影响呈现演替规律[15]。

（3）下游受影响河段环境与生态的改变[17,18]。大坝下游河段的形态、水沙关系、冲淤情势等均受制于上游大坝运行，径流量呈现下降趋势或非自然节律的变化特征，驱动环境与生态各要素发生改变，如河流底栖生物种群变化[19]、鱼类栖息地与产卵场消失[20]、河岸崩塌与河滩地退化[21]、河口海岸生态环境变化等[22]。

（4）河流连通性与连续性不可逆地被破坏[23,24]。大坝拦截和生态阻隔将不可逆地影响鱼类洄游，破坏流域的鱼类种群结构、生物多样性及降低生物资源总量，最终影响流域中的陆生、水生系统的物种组成与食物网格局，形成诸如外来物种入侵等生态环境问题[23]。

三峡水库是典型的河道峡谷型水库。自2003年蓄水后，三峡水库水生态环境系统具有以下典型的特征[5]。

2.3.1 流域地表过程对水库水生态环境系统的影响异常强烈

因受地形约束，三峡水库的河道峡谷型特征迫使其具有极大的长宽比（约650：1）和岸线系数（35.4～47.8），成库后水面增加并不明显，流域内水面率依然较低。另外，三峡水库位于我国西南山区，所在区域多为高山峡谷，岩石裸露，植被覆盖有限，水土涵养能力较低，是全国水土流失严重的区域之一。库区山地广布，滑坡、泥石流等山地灾害频发，水土流失治理难度大，水土流失问题十分突出[25-27]。上述几方面相互叠加迫使三峡水库陆表过程对水库水生态环境系统的影响异常强烈。三峡水库陆源输入的N、P等营养物，异源性有机质及其他污染物质对水库水环境、水生态的影响不可忽视。

2.3.2 水库分层混合格局时空异质性显著

三峡水库处于东亚副热带季风区，冬暖夏凉，气温年变幅较小。河流多年平均的各月水温基本保持在10℃以上，故从混合的频率特征来看，三峡水库总体属于暖单季回水型水库，水库年内一般出现一次温度变化导致的水体垂向的对流混合，即夏季增温，水柱出现水温分层化，秋季表层水温下降导致对流，冬季水柱混合趋于均匀[28-30]。但三峡水库"蓄清排浑"的调度运行方式，使得夏季增温分层期即为汛期，水位低、流速快、断面混合较好，分层不易形成；冬季枯水期高水位运行，表水层温度下降，水柱难以形成分层。因此，总体上三峡水库全库属于弱分层型水库。

三峡水库干支流分层混合格局空间差异显著。总体上，干流混合条件较好，具有接近理想的推流型反应器特征[28-30]。支流水体因来水量较小，其水体更新周期远长于干流，大部分支流混合条件比干流要弱，支流形成分层的可能性远高于干流，更具有湖泊特征。在三峡库区独特的气候气象条件下，一些支流在夏季汛期洪峰到来前（5月）出现温度分层，洪水期间分层完全混合，洪峰过后伏旱季节（7月）再次出现温度分层现象，全年呈现暖多次分层格局。此外，密度异重流现象对库区干支流分层混合的影响明显。尽管水库水体滞留时间较短、更新较快，但一些山区支流具有来水量大、水温低、陡涨陡落的特点，所形成的密度异重流影响了支流回水区末端的分层混合格局；干支流交汇区可能出现的倒灌异重流现象挟带大量的干流营养物质输入支流，并同支流水体混合上行，对支流的水生生态过程产生显著影响（图2-10、图2-11）。

2.3.3 "脉冲"效应对生态系统的发育和演化影响复杂

除了改变分层混合格局外，三峡水库水位涨落过程同天然径流、气候变化多重因素相互叠加，迫使三峡水库干支流物理环境呈现独特的周期变化过程，加之水库具有强烈的陆源输入特征，对水库生态系统的发育和演化影响显著。

一方面，由于水体滞留时间较短、泥沙颗粒较多，干流浮游植物生长受限、净初级生产能力总体上维持较低水平[31, 32]；干流总体上以细菌分解异源有机质为主，并迫使干流水柱总光合生产（P）与总呼吸（R）的比率小于1。在一定程度上，水库运行改变了干流水体对异源有机质的分解能力（即水体自净能力）。对于库区支流水域，在水库高水位运行下，因混合均匀和蓄水淹没导致水柱营养物浓度通常达到全年峰值，水柱真光层深度加大，但浮游植物因水温下降进入非生长期，初级生产能力受限[33-35]；在水库低水位运行下，浮游植物进入生长期，但因汛期过流型的水体滞留特征迫使水柱混合层深度加大，洪水过程挟带的大量无机泥沙大大压缩真光层深度，浮游植物的初级生产也受到影响[36-38]。全年支

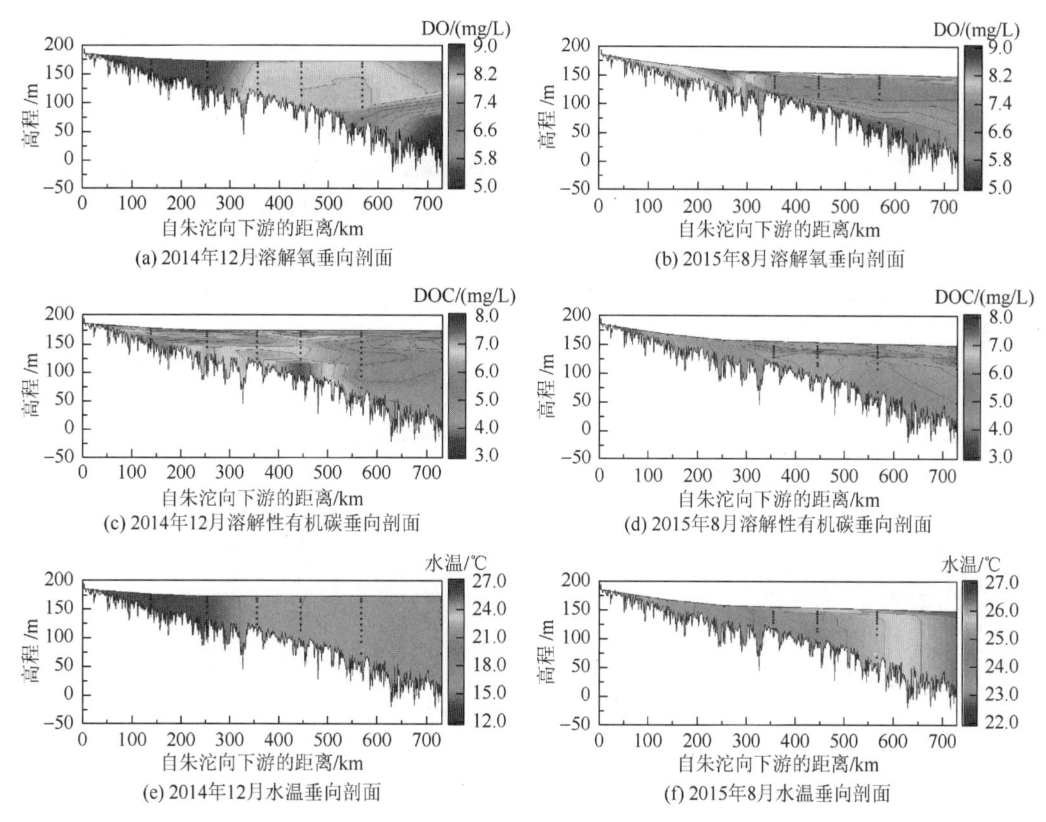

(a) 2014年12月溶解氧垂向剖面 (b) 2015年8月溶解氧垂向剖面

(c) 2014年12月溶解性有机碳垂向剖面 (d) 2015年8月溶解性有机碳垂向剖面

(e) 2014年12月水温垂向剖面 (f) 2015年8月水温垂向剖面

图 2-10 三峡水库干流溶解氧（DO）、溶解性有机碳（DOC）、水温垂向剖面监测结果（2014 年 12 月、2015 年 8 月）

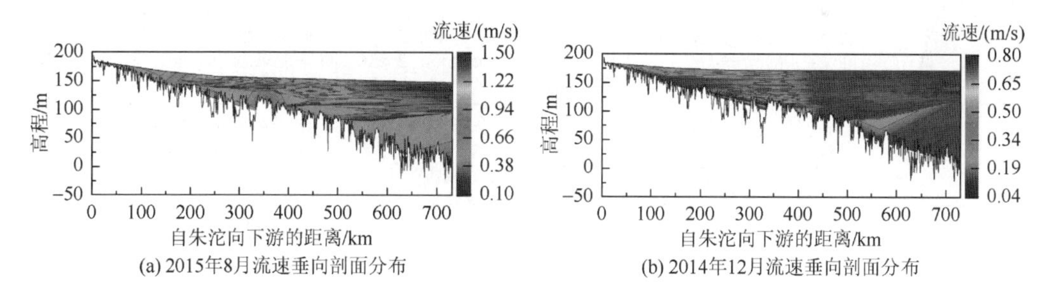

(a) 2015年8月流速垂向剖面分布 (b) 2014年12月流速垂向剖面分布

图 2-11 三峡水库干流流速垂向剖面分布情况

流浮游植物仅在有限的时段内（如水文过程和季节过程交替期间）充分生长，甚至出现水华现象。尽管支流水体因其缓流特征和营养物累积效应，浮游植物的初级生产能力高于干流，但支流浮游植物生长所需物质（N、P 营养物）、能量（水下光热结构）要素的供给因水库运行而呈现交错的特点[39-43]。

另一方面，水库调度运行迫使近岸消落带呈现季节性受淹-裸露的过程。陆生-水生周期性交错使得水库近岸交错带陆生、水生植被群落发育具有其特殊性。在水库水位涨落的“脉冲”效应下，适生植被因淹没时间长短而在高程上呈现梯度分布特征，并形成同天然湖泊、河流迥异的生物地球化学过程、景观格局和生态功能特征[44-47]。

根据上述水生态环境系统的变化，结合前期监测工作积累，对三峡水库干流、支流主要湖沼学要素及其阈值进行划分，并进一步梳理三峡水库不同时空区段主导的生态动力学过程，为后续开展感知系统顶层设计提供野外湖沼学研究的基础支持。划分结果如图 2-12、图 2-13 所示。根据时空分区情况综合判断，现阶段三峡水库湖沼演化主要表现为：水库运行初期“河相”的异养型系统向“湖相”的自养型系统转变，即在水文情势变化干预下，水库的不同时空区段以细菌降解陆源及上游输入有机物为主导的异养型系统，逐渐向以藻类生长、初级生产能力提升为主要标志的自养型系统过渡。受水库调度运行影响，不同时空区段呈现出不同的特征。

空间上分区

时间上分区

	库尾（河流区、变动回水区） 朱沱—涪陵	库中（过渡区） 涪陵—奉节	库首（“湖泊区”） 奉节—秭归
低水位运行期 (6～9月)	流速范围/(m/s)：0.8～1.2 平均水力停留时间/天：2～3 分层-混合特征：不分层 营养物主要形态：颗粒态 叶绿素a浓度/(mg/m^3)：0～1 TN/TP：8～15	流速范围/(m/s)：0.3～0.8 平均水力停留时间/天：4～10 分层-混合特征：不分层 营养物主要形态：颗粒态 叶绿素a浓度/(mg/m^3)：0～4 TN/TP：10～24	流速范围/(m/s)：0.0～0.5 平均水力停留时间/天：5～20 分层-混合特征：弱分层 营养物主要形态：溶解态 叶绿素a浓度/(mg/m^3)：2～10(或更高) TN/TP：22～34
高水位运行期 (10月～次年2月)	流速范围/(m/s)：0.6～0.8 平均水力停留时间/天：4～7 分层-混合特征：不分层 营养物主要形态：颗粒态 叶绿素a浓度/(mg/m^3)：0～1 TN/TP：14～18	流速范围/(m/s)：0.2～0.5 平均水力停留时间/天：10～20 分层-混合特征：不分层 营养物主要形态：溶解态 叶绿素a浓度/(mg/m^3)：0～3 TN/TP：18～27	流速范围/(m/s)：0.0～0.3 平均水力停留时间/天：15～30 分层-混合特征：不分层 营养物主要形态：溶解态 叶绿素a浓度/(mg/m^3)：2～5 TN/TP：20～32
泄水期 (3～5月)	流速范围/(m/s)：0.5～0.8 平均水力停留时间/天：3～5 分层-混合特征：不分层 营养物主要形态：颗粒态 叶绿素a浓度/(mg/m^3)：0～3 TN/TP：14～18	流速范围/(m/s)：0.5～0.8 平均水力停留时间/天：10～20 分层-混合特征：不分层 营养物主要形态：溶解态 叶绿素a浓度/(mg/m^3)：3～10 TN/TP：10～24	流速范围/(m/s)：0.0～0.3 平均水力停留时间/天：10～25 分层-混合特征：不分层 营养物主要形态：溶解态 叶绿素a浓度/(mg/m^3)：8～25(或更高) TN/TP：18～27
主要的生态特征	1. 泥沙挟带大量有机物与N、P入库 2. 河流搬运功能强 3. 以异养菌降解外来有机物为主 4. 重庆都市核心区排污影响显著 5. *P*/*R*＜1	1. 泥沙沉降并导致所挟带的大量有机物与N、P逐渐沉降 2. 河流搬运能力减弱 3. 以异养菌降解外来有机物为主 4. 藻类逐渐生长 5. *P*/*R*＜1	1. 泥沙及其挟带的有机质、N 、P 等完成沉降过程 2. 以异养菌降解外来有机物为主 3. 藻类进一步生长 4. *P*/*R*接近1

图 2-12　三峡水库干流关键湖沼变量的时空分区与阈值划分

（TN 为总氮，TP 为总磷）

在上述时空分布中，值得注意的是，受“蓄清排浑”影响，全年内三峡水库干支流总体上并不容易出现水力停留时间超过 100 天的“湖泊区”状态[15]。即便是在库首干流区段平均水力停留时间总体上也未超过 100 天。但是，在干支流的局部库湾，尤其是在部分支流回水区与库湾，因干流持续顶托与支流上游来水较少，仍可能存在停留时间超过 100 天的“湖泊区”状态。因此，在上述图表中对“湖泊区”增加了引号，以示不同。

空间上分区

时间上分区

	库尾（河流区、变动回水区） 朱沱—涪陵 代表：龙溪河、綦江河、御临河	库中（过渡区） 涪陵—奉节 代表：澎溪河、龙河、草堂河	库首（"湖泊区"） 奉节—秭归 代表：大宁河、香溪河
低水位运行期 （6～9月）	流速范围/(m/s)：0.8～1.2 平均水力停留时间/天：5～20 分层-混合特征：不分层 营养物主要形态：颗粒态 叶绿素a浓度/(mg/m^3)：0～40 TN/TP：25～35	流速范围/(m/s)：0.1～0.6 平均水力停留时间/天：20～30 分层-混合特征：易分层，但易被打破 营养物主要形态：颗粒态 叶绿素a浓度/(mg/m^3)：0～30（或更高） TN/TP：15～35	流速范围/(m/s)：0.0～0.5 平均水力停留时间/天：20～30 分层-混合特征：易分层，但易被打破 营养物主要形态：溶解态 叶绿素a浓度/(mg/m^3)：0～30（或更高） TN/TP：25～35
高水位运行期 （10月～次年2月）	流速范围/(m/s)：0.0～0.4 平均水力停留时间/天：20～50 分层-混合特征：不分层 营养物主要形态：溶解态 叶绿素a浓度/(mg/m^3)：8～15 TN/TP：20～30	流速范围/(m/s)：0.0～0.3 平均水力停留时间/天：40～100（局部更高） 分层-混合特征：不分层 营养物主要形态：溶解态 叶绿素a浓度/(mg/m^3)：5～20 TN/TP：20～40	流速范围/(m/s)：0.0～0.2 平均水力停留时间/天：40～200（局部更高） 分层-混合特征：不分层 营养物主要形态：溶解态 叶绿素a浓度/(mg/m^3)：5～15 TN/TP：25～35
泄水期 （3～5月）	流速范围/(m/s)：0.0～0.4 平均水力停留时间/天：20～40 分层-混合特征：不分层 营养物主要形态：颗粒态/溶解态 叶绿素a浓度/(mg/m^3)：20～80（或更高） TN/TP：15～35	流速范围/(m/s)：0.0～0.3 平均水力停留时间/天：30～80 分层-混合特征：弱分层 营养物主要形态：溶解态 叶绿素a浓度/(mg/m^3)：20～80（或更高） TN/TP：15～35	流速范围/(m/s)：0.0～0.2 平均水力停留时间/天：30～80 分层-混合特征：弱分层 营养物主要形态：溶解态 叶绿素a浓度/(mg/m^3)：20～80（或更高） TN/TP：25～35
主要的生态特征	支流数量多，淹没回水区长度短；流域人口密度普遍较高，排污强度大；回水区水环境受干流倒灌与流域排污等双重影响；污染程度较重，有水华现象	支流数量多，淹没回水区长；流域人口密度高、排污强度大；回水区水环境主要受水动力条件与上游污染输入影响；水华程度较重	支流数量少，淹没回水区长度长；典型峡谷型特征；流域人口密度普遍较低；回水区水环境主要受水动力条件影响，上游污染输入明显将导致水华形成

图 2-13　三峡水库支流关键湖沼变量的时空分区与阈值划分

因此，现阶段三峡水库湖沼演化所涉及的水质-水生态耦合的生态动力学过程包括：异养菌生长与呼吸、自养菌（如硝化菌）生长与呼吸、藻类生长与呼吸、水解过程与关键生源要素的化学平衡过程等。结合水体碳平衡所涉及的其他过程，反映现阶段三峡水库水质、水生态耦合的生态动力学过程及其反应物和产物关系等，见表 2-4。

表 2-4　现阶段三峡水库水质-水生态耦合的生态动力学过程

过程编号	过程	主要反应物		主要产物	
		溶解态	颗粒态	溶解态	颗粒态
1	异养菌的好氧生长过程（氨化过程）	DOM、HPO_4^{2-}、O_2		NH_4^+、CO_2	异养菌生物量
2	好氧条件下异养菌的内源呼吸过程	O_2	异养菌生物量	NH_4^+、CO_2、HPO_4^{2-}	
3	好氧条件下自养菌的硝化过程	CO_2、NH_4^+		NO_3^-	自养菌生物量
4	好氧条件下自养菌的内源呼吸过程	O_2	自养菌生物量	NH_4^+、CO_2、HPO_4^{2-}	
5	缺氧条件下异养菌的反硝化过程	DOM、HPO_4^{2-}、NO_3^-		N_2、CO_2	异养菌生物量
6	缺氧条件下异养菌的内源呼吸过程	NO_3^-	异养菌生物量	NH_4^+、CO_2、HPO_4^{2-}	
7a	NH_4^+ 基质下的藻类生长过程	NH_4^+、HPO_4^{2-}、CO_2		O_2	藻类生物量

续表

过程编号	过程	主要反应物		主要产物	
		溶解态	颗粒态	溶解态	颗粒态
7b	NO_3^- 基质下的藻类生长过程	NO_3^-、HPO_4^{2-}、CO_2		O_2	藻类生物量
8	藻类呼吸-死亡过程	O_2	藻类生物量	NH_4^+、HPO_4^{2-}、CO_2	
9	颗粒态有机物水解过程		POM	DOM、NH_4^+、HPO_4^{2-}	
10	酸碱中和方程	H_2O		H^+、OH^-	
11a	$CO_2 \longleftrightarrow HCO_3^-$	CO_2		HCO_3^-	
11b	$HCO_3^- \longleftrightarrow CO_3^{2-}$	HCO_3^-		CO_3^{2-}	

DOM 为溶解性有机质；POM 为颗粒态有机质。

但是，上述水质-水生态耦合的生态动力学过程在不同时空区段并非都是关键的（或主导性的）生态过程（图 2-14）。例如，在干流河流区，藻类无法显著生长，异养菌生长呼吸、硝化菌生长呼吸等为主要的生态动力学过程；而在支流富营养化或水华过程，藻类显著生长是主要的生态动力学过程。因此，甄别不同时空区段的关键生态动力学过程，是实现参数化表达、确定阈值参数的关键和前提。

空间上分区 →

时间上分区 ↓

	库尾（河流区、变动回水区） 朱沱—涪陵	库中（过渡区） 涪陵—奉节	库首（“湖泊区”） 奉节—秭归
低水位运行期 (6～9月)	1. 异养菌好氧生长过程与呼吸过程 2. 硝化菌生长与好氧呼吸过程 3. 磷酸盐的吸附/解吸过程 4. 水解与化学平衡过程 5. 异养菌缺氧生长(局部) 原因：基本维持天然河流状态、藻类不易生长	1. 异养菌好氧生长过程与呼吸过程 2. 硝化菌生长与好氧呼吸过程 3. 磷酸盐的吸附/解吸过程 4. 水解与化学平衡过程 原因：泥沙逐渐沉淀，但基本维持天然河流状态，为异养型系统	1. 异养菌好氧生长过程与呼吸过程 2. 硝化菌生长与好氧呼吸过程 3. 藻类生长、呼吸与死亡 4. 消费者生长、呼吸与死亡 5. 化学平衡过程 原因：食物链逐渐发育，但受水体滞留时间约束
高水位运行期 (10月～次年2月)	1. 异养菌好氧生长过程与呼吸过程 2. 硝化菌生长与好氧呼吸过程 3. 磷酸盐的吸附/解吸过程 4. 水解与化学平衡过程 原因：基本维持天然河流状态；温度较低，藻类生长受到限制	1. 异养菌好氧生长过程与呼吸过程 2. 硝化菌生长与好氧呼吸过程 3. 磷酸盐的吸附/解吸过程 4. 水解与化学平衡过程 原因：泥沙已沉淀，温度较低，藻类生长受到限制，总体为异养型系统	1. 异养菌好氧生长过程与呼吸过程 2. 硝化菌生长与好氧呼吸过程 3. 藻类生长、呼吸与死亡 4. 消费者生长、呼吸与死亡 5. 化学平衡过程 原因：接近湖泊型特点，食物链逐渐发展，但受到温度约束
泄水期 (3～5月)	1. 异养菌好氧生长过程与呼吸过程 2. 硝化菌生长与好氧呼吸过程 3. 异养菌缺氧生长(局部) 4. 磷酸盐的吸附/解吸过程 5. 水解与化学平衡过程 原因：基本维持河流状态，藻类不易生长，上游泥沙输入可能造成局部缺氧	1. 异养菌好氧生长过程与呼吸过程 2. 硝化菌生长与好氧呼吸过程 3. 磷酸盐的吸附/解吸过程 4. 水解与化学平衡过程 原因：泥沙已逐渐沉淀，但基本维持天然河流状态，为异养型系统	1. 异养菌好氧生长过程与呼吸过程 2. 硝化菌生长与好氧呼吸过程 3. 藻类生长、呼吸与死亡 4. 消费者生长、呼吸与死亡 5. 化学平衡过程 原因：接近湖泊型特点，食物链逐渐发展

图 2-14 三峡水库（干流、支流回水区）关键生态动力学过程初步甄别

2.4 三峡水库关键生态动力学过程的参数化表达及其在典型支流回水区的应用

2.4.1 现阶段三峡水库的生态动力学过程的参数化表达

本节引入国际水协会（International Water Association，IWA）开发的河流水质模型1号（River Water Quality Model No.1，RWQM1）的表达方式对上述关键生态动力学过程进行参数化表达。

RWQM1是IWA于2001年颁布的新型河流水质模型[48]。RWQM1既没有固定的模型结构和明确的模型方程组，也没有成型的求解算法和相应的软件平台，其设计目标是在对当前水质模型的发展现状进行总结的基础上，提出标准化水质模型框架及其使用准则，建立一套未来水质建模的科学标准。RWQM1的参数化表达具体有以下几个特点[49]。

（1）较全面地划分水质组分，统一水质组分的表述方式。

（2）以C、N、P、O、H为基础元素，统一水质组分的元素组成，在此基础上为后续实现严格的元素守恒奠定重要基础。

（3）基于严格的化学计量方程实现对水质转化过程及其动力学的数学描述，确保反应物和产物的物质守恒。

（4）将各种水质过程通过化学计量矩阵的形式实现模型的结构化表达。故在模型使用中，可根据实际需求在统一的模型构架下，选择水质组分与水质转化过程进行建模，体现其灵活性、开放性。

RWQM1自颁布后在国外得到了广泛的重视。基于RWQM1的水质过程模拟已成为当前该领域的主要方向。十余年来，欧洲环境管理部门已在RWQM1框架上构建了新型水质管理模式[50-52]，但国内对RWQM1的关注仍未受到广泛重视，一些研究处于初步分析探讨阶段，相关研究报道也较为零散。

本节在IWA出版的《技术研究报告No.12：河流水质模型1号》基础上[48]，对11个关键生态动力学过程进行参数化表达。

（1）异养菌（X_H）的好氧生长过程（氨化过程）。异养菌的好氧生长过程以DOM（含有C、N、O、P、H五种元素）、溶解氧、环境中的营养盐为基质。其中，默认异养菌的好氧生长过程首先以DOM为基质进行生长，降解产物为NH_4^+、CO_2。当DOM中P浓度不足时，转化为以环境中的营养盐（HPO_4^{2-}）为基质进行生长。判别条件体现在生态动力学方程中。

（2）好氧条件下异养菌的内源呼吸过程。异养菌以自身细胞内有机质为基质进行的内源呼吸过程，降解产物为NH_4^+、CO_2、HPO_4^{2-}。

（3）好氧条件下自养菌（X_N）的硝化过程。自养菌以CO_2为基质，将NH_4^+转化为NO_3^-，并消耗O_2的过程。

（4）好氧条件下自养菌的内源呼吸过程。自养菌在好氧条件下内源呼吸，消耗O_2，产生NH_4^+、CO_2、HPO_4^{2-}等。

（5）缺氧条件下异养菌的反硝化过程。异养菌在缺氧条件下将NO_3^-通过反硝化反应

转化为 N_2。

（6）缺氧条件下异养菌的内源呼吸过程。异养菌在缺氧条件下以 NO_3^- 为电子受体进行内源呼吸。

（7）以 NH_4^+ 或 NO_3^- 为基质的藻类（X_{ALG}）生长过程。以环境中无机的 C、N、P 营养物质为基质，合成藻类自身生物有机体。藻类生长首先以 NH_4^+ 为基质进行光能合成，当环境中 NH_4^+ 不足时，以 NO_3^- 为基质进行光能合成。

（8）藻类呼吸-死亡过程。由具有生命活性的藻类生物体转化为无生命特征的 POM，其他降解产物为 NH_4^+、HPO_4^{2-}、CO_2。

（9）颗粒态有机质（X_S）水解过程。可降解的 POM 水解转化为 DOM 的过程。

（10）酸碱中和方程（$H_2O \Longleftrightarrow H^+ + OH^-$）。

（11）碳酸盐平衡方程（$CO_2 \longleftrightarrow HCO_3^-$；$HCO_3^- \longleftrightarrow CO_3^{2-}$）。根据 RWQM1 的模型构建思路，任何状态变量均以 C、N、P、O、H 这五种元素表示化学式。故在模型中，任一状态变量 A，以 α 表示单个分子中某元素的原子个数，故 A 的化学式可以表达为

$$C_{\alpha_{CA}}N_{\alpha_{NA}}P_{\alpha_{PA}}O_{\alpha_{OA}}H_{\alpha_{HA}}$$

其中，α_{CA} 表示单个分子 A 中 C 的原子个数（mol），以此类推。A 的摩尔质量（g/mol）M_A 可以表达为

$$M_A = \alpha_{CA}\times 12 + \alpha_{NA}\times 14 + \alpha_{PA}\times 31 + \alpha_{OA}\times 16 + \alpha_{HA}\times 1$$

上述组分在建模中赋予初始值，但可随着模型后期的运行对参数进行调校。另外，为避免单位换算问题，模型中物质组分变化一律使用物质的量浓度（mol/L）来表达状态变量的变化。参数化表达方法的示意图如图 2-15 所示。

科学问题：大型水库湖沼演化的生态动力学过程的参数化表达

参数化表达方法：基于Monod的生化反应动力学过程+Peterson矩阵

参数类型：①反应过程计量参数；②生化反应动力学参数，如速率参数、半饱和常数等

示例：NO_3^-基质下的藻类生长过程

反应物：NO_3^-、HPO_4^{2-}、CO_2

产物：O_2、藻类生物量（$C_{93}H_{217}O_{96.9}N_{13.3}P_1$）

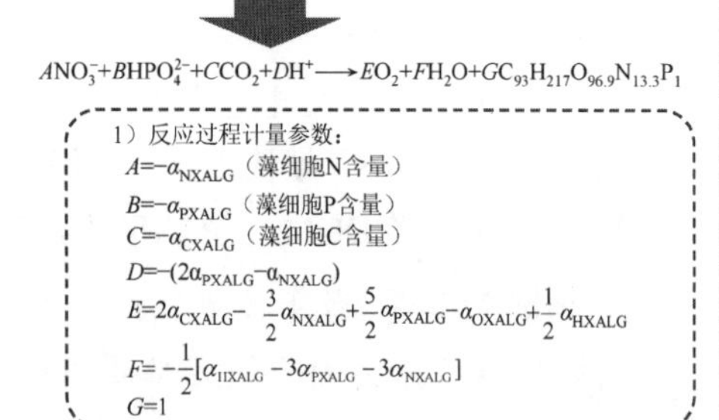

反应过程计量参数在C、N、P等元素层面上实现物料守恒

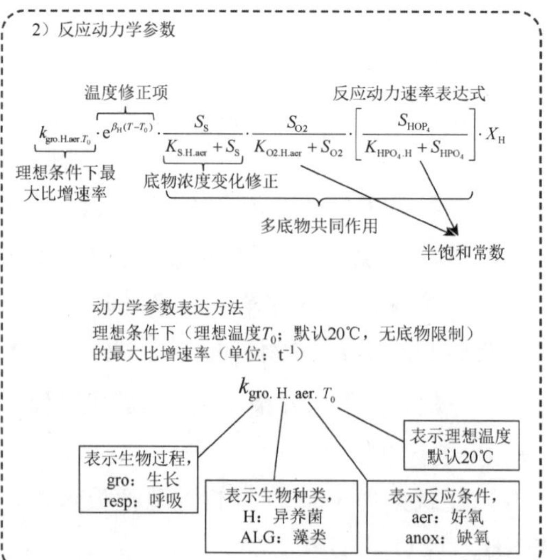

图 2-15 参数化表达方法汇总示意

根据表 2-4 中反应物和产物的关系，表 2-5 汇总了模型描述的状态变量及其元素组成的化学式初始值。参考 RWQM1 的标准化表达方法，以“S”表示溶解态组分；“X”表示颗粒态组分。根据生化反应动力学过程与状态变量，组合成 Peterson 矩阵，见表 2-6。

表 2-5 模型状态变量及其化学计量关系表达式[48]

序号	变量符号	解释	化学式（α 的初始值）					摩尔质量/(g/mol)
			α_C	α_H	α_O	α_N	α_P	
1	S_S	溶解态有机质浓度	147.3	248	54.3	13.3	1	3101.6
2	S_{NH4}	水中 NH_4^+ 浓度	0	4	0	1	0	18.0
3	S_{NO3}	水中 NO_3^- 浓度	0	0	3	1	0	62.0
4	S_{HPO4}	水中 HPO_4^{2-} 浓度	0	1	4	0	1	96.0
5	S_{O2}	水中溶解氧（O_2）浓度	0	0	2	0	0	32.0
6	S_{CO2}	水中 CO_2 浓度	1	0	2	0	0	44.0
7	S_{HCO3}	水中 HCO_3^- 浓度	1	1	3	0	0	61.0
8	S_{CO3}	水中 CO_3^{2-} 浓度	1	0	3	0	0	60.0
9	S_H	水中 H^+浓度	0	1	0	0	0	1.0
10	S_{OH}	水中 OH^-浓度	0	1	1	0	0	17.0
11	X_H	水中异养菌群浓度	44.8	82.7	16.1	8.9	1	1033.5
12	X_N	水中硝化菌群浓度	44.8	82.7	16.1	8.9	1	1033.5
13	X_{ALG}	水中藻类种群浓度	93	217	96.9	13.3	1	3100.6
14	X_S	颗粒态有机物浓度	147.3	248	54.3	13.3	1	3101.6

表 2-6 基于 RWQM1 的生化反应动力学参数化表达所形成的 Peterson 矩阵[48]

组分→I / j 过程↓		1	2	3	4	5	6	7	8	9	10	11	12	13	14	15	16
		S_S	S_{NH4}	S_{NO3}	S_{HPO4}	S_{O2}	S_{CO2}	S_{HCO3}	S_{CO3}	S_H	S_{OH}	S_{CH4}	S_{N2}	X_H	X_N	X_{ALG}	X_S
1	异养菌的好氧生长过程（氨化过程）	–	+		?	–	+			?				1			
2	好氧条件下异养菌的内源呼吸过程		+		+	–	+			–				–1			+
3	好氧条件下自养菌的硝化过程		–	+	–	–	–			+					1		
4	好氧条件下自养菌的内源呼吸过程		+		+	–	+			–					–1		+
5	缺氧条件下异养菌的反硝化过程	–		–	?		+			?			+	1			
6	缺氧条件下异养菌的内源呼吸过程		+	–	+		+			–				–1			+
7a	NH_4^+ 基质下的藻类生长过程		–		–	+	–			–						1	

续表

j 过程↓ / 组分→I		1	2	3	4	5	6	7	8	9	10	11	12	13	14	15	16
		S_S	S_{NH4}	S_{NO3}	S_{HPO4}	S_{O2}	S_{CO2}	S_{HCO3}	S_{CO3}	S_H	S_{OH}	S_{CH4}	S_{N2}	X_H	X_N	X_{ALG}	X_S
7b	NO_3^- 基质下的藻类生长过程			–	–	+	–			–						1	
8	藻类呼吸-死亡过程		+		+	–	+			–						–1	+
9	颗粒态有机物水解过程	+	?		?	?				?							–1
10	酸碱中和过程									1	1						
11a	$CO_2 \longleftrightarrow HCO_3^-$							–1	1								
11b	$HCO_3^- \longleftrightarrow CO_3^{2-}$									1	1						

“–”表示该状态变量在反应过程中减少；“+”表示该状态变量在反应过程中增加；“?”表示该状态变量的增减变化不确定。

根据前述状态变量和描述的过程，关键生态动力学过程的参数总体上可以分为三类。

（1）反应动力学参数：描述反应过程的速率，包括半饱和常数等。

（2）反应过程计量参数：描述反应过程中状态变量的物质的量的变化关系，如产率系数等。在产率系数基础上，结合状态变量的 C、N、P 等元素守恒、电子守恒原则，对每个化学反应方程进行配平，形成反应过程的计量系数。

（3）状态变量的化学计量参数，即表 2-5 中的 α 值。

通常情况下（依据前期实践经验），状态变量的化学计量参数通常设定为定值，不参与模型参数调校与验证工作。而反应动力学参数和反应过程计量系数往往是对模型系统最为敏感的。故以下着重讨论反应动力学参数和反应过程计量系数。

以异养菌的好氧生长过程为例，反应动力学表达式及各参数说明见图 2-16 和表 2-7～表 2-9。

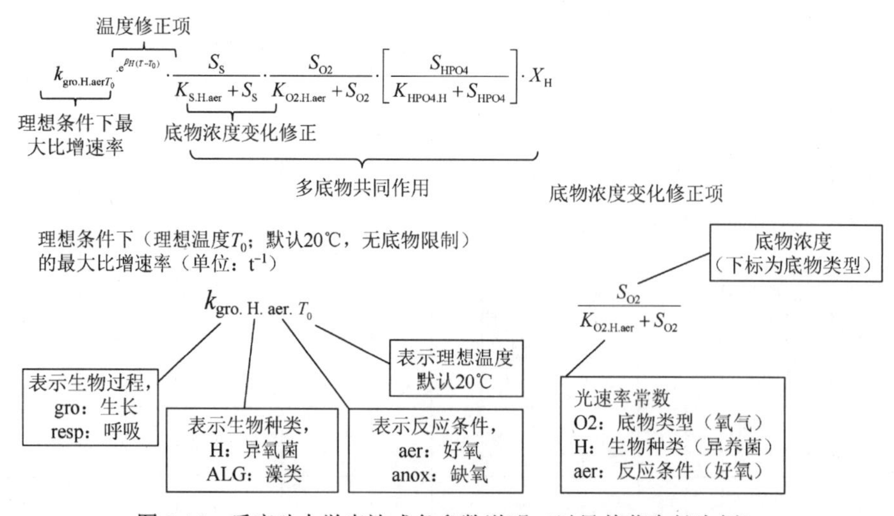

图 2-16　反应动力学表达式各参数说明（以异养菌生长为例）

表 2-7 各生态动力学过程的反应动力学表达式与参数[48]

过程编号	过程名称	反应动力学表达式
1	异养菌的好氧生长过程（氨化过程）	$k_{\text{gro.H.aer.}T_0}\cdot e^{\beta_H(T-T_0)}\cdot\frac{S_S}{K_{\text{S.H.aer}}+S_S}\cdot\frac{S_{O2}}{K_{\text{O2.H.aer}}+S_{O2}}\cdot\left[\frac{S_{\text{HPO4}}}{K_{\text{HPO4.H}}+S_{\text{HPO4}}}\right]\cdot X_H$
2	好氧条件下异养菌的内源呼吸过程	$k_{\text{resp.H.aer.}T_0}\cdot e^{\beta_H(T-T_0)}\cdot\frac{S_{O2}}{K_{\text{O2.H.aer}}+S_{O2}}\cdot X_H$
3	好氧条件下自养菌的硝化过程	$k_{\text{gro.N.aer.}T_0}\cdot e^{\beta_N(T-T_0)}\cdot\frac{S_{\text{NH4}}}{K_{\text{S.N.aer}}+S_{\text{NH4}}}\cdot\frac{S_{O2}}{K_{\text{O2.N.aer}}+S_{O2}}\cdot\left[\frac{S_{\text{HPO4}}}{K_{\text{HPO4.N}}+S_{\text{HPO4}}}\right]\cdot X_N$
4	好氧条件下自养菌的内源呼吸过程	$k_{\text{resp.N.aer.}T_0}\cdot e^{\beta_N(T-T_0)}\cdot\frac{S_{O2}}{K_{\text{O2.N.aer}}+S_{O2}}\cdot X_N$
5	缺氧条件下异养菌的反硝化过程	$k_{\text{gro.H.anox.T}_0}\cdot e^{\beta_H(T-T_0)}\cdot\frac{S_S}{K_{\text{S.H.anox}}+S_S}\cdot\frac{S_{\text{NO3}}}{K_{\text{NO3.H.anox}}+S_{\text{NO3}}}\cdot\left[\frac{S_{\text{HPO4}}}{K_{\text{HPO4.H}}+S_{\text{HPO4}}}\right]\cdot X_H$
6	缺氧条件下异养菌的内源呼吸	$k_{\text{resp.H.anox.T}_0}\cdot e^{\beta_H(T-T_0)}\cdot\frac{S_S}{K_{\text{O2.H.anox}}+S_{O2}}\cdot\frac{S_{\text{NO3}}}{K_{\text{NO3.H.aer}}+S_{\text{NO3}}}\cdot X_H$
7a	NH_4^+ 基质下的藻类生长过程	$k_{\text{gro.H.anox.}T_0}\cdot e^{\beta_H(T-T_0)}\cdot\frac{S_S}{K_{\text{S.H.anox}}+S_S}\cdot\frac{S_{\text{NO3}}}{K_{\text{NO3.H.anox}}+S_{\text{NO3}}}\cdot\left[\frac{S_{\text{HPO4}}}{K_{\text{HPO4.H}}+S_{\text{HPO4}}}\right]\cdot X_H$
7b	NO_3^- 基质下的藻类生长过程	$k_{\text{resp.H.anox.}T_0}\cdot e^{\beta_H(T-T_0)}\cdot\frac{S_S}{K_{\text{O2.H.anox}}+S_{O2}}\cdot\frac{S_{\text{NO3}}}{K_{\text{NO3.H.aer}}+S_{\text{NO3}}}\cdot X_H$
8	藻类呼吸-死亡过程	$k_{\text{gro.ALG.}T_0}\cdot e^{\beta_{\text{ALG}}(T-T_0)}\cdot\frac{S_{\text{NH4}}}{K_{\text{NH4.ALG}}+S_{\text{NH4}}}\cdot\frac{S_{\text{HPO4}}}{K_{\text{HPO4.ALG}}+S_{\text{HPO4}}}\cdot\frac{I}{K_I}\exp\left(1-\frac{I}{K_I}\right)\cdot X_{\text{ALG}}$
9	颗粒态有机物水解过程	$k_{\text{gro.ALG.}T_0}\cdot e^{\beta_{\text{ALG}}(T-T_0)}\cdot\frac{S_{\text{NO3}}}{K_{\text{NO3.ALG}}+S_{\text{NO3}}}\cdot\frac{S_{\text{HPO4}}}{K_{\text{HPO4.ALG}}+S_{\text{HPO4}}}\cdot\frac{I}{K_I}\exp\left(1-\frac{I}{K_I}\right)\cdot X_{\text{ALG}}$
10	酸碱中和方程	$k_{\text{eq.w}}\cdot\left(1-\frac{S_H\cdot S_{\text{OH}}}{K_{\text{eq.w}}}\right)$
11a	$CO_2 \longleftrightarrow HCO_3^{2-}$	$k_{\text{eq.1}}\cdot\left(S_{\text{CO2}}-\frac{S_H\cdot S_{\text{HCO3}}}{K_{\text{eq.2}}}\right)$
11b	$HCO_3^- \longleftrightarrow CO_3^{2-}$	$k_{\text{eq.2}}\cdot\left(S_{\text{HCO3}}-\frac{S_H\cdot S_{\text{CO3}}}{K_{\text{eq.2}}}\right)$

表 2-8 各生态动力学过程的产率系数参数[48]

过程编号	过程名称	产率系数符号	描述	单位
1	异养菌的好氧生长过程（氨化过程）	$Y_{gro.H.aer}$	异养菌好氧生长的产率	$molX_H/molS_S$
2	好氧条件下异养菌的内源呼吸过程	$f_{XS.H.aer}$	异养菌好氧呼吸中 X_H 转化为 X_S 的比例	$molX_S/molX_H$
3	好氧条件下自养菌的硝化过程	$Y_{nitro.N.aer}$	硝化菌硝化过程的产率	$molX_N/molS_{NH4}$
4	好氧条件下自养菌的内源呼吸过程	$f_{XS.N.aer}$	硝化菌好氧呼吸中 X_N 转化为 X_S 的比例	$molX_S/molX_N$
5	缺氧条件下异养菌的反硝化过程	$Y_{gro.H.anox}$	异养菌缺氧条件下反硝化的产率	$molX_H/molS_S$
6	缺氧条件下异养菌的内源呼吸过程	$f_{XS.H.anox}$	异养菌缺氧呼吸中 X_H 转化为 X_S 的比例	$molX_S/molX_H$
8	藻类呼吸-死亡过程	$f_{XS.ALG}$	藻类呼吸-死亡中 X_{ALG} 转化为 X_S 的比例	$molX_S/molX_{ALG}$
9	颗粒态有机物水解过程	$Y_{hydro.XS}$	水解过程中 POM 转化为 DOM 的产率	$molS_S/molX_S$

表 2-9 各生态动力学的反应过程计量参数[48]

过程	组分	计量系数	单位
过程 1：异养菌的好氧生长过程；视 S_{HPO4}、S_H 为产物，电子平衡方程用于模型校验（下同）	S_S	$-\frac{1}{Y_{gro.H.aer}}$	$molS_S/molX_H$
	S_{NH4}	$\frac{\alpha_{NSS}}{Y_{gro.H.aer}}-\alpha_{NXH}$	$molN/molX_H$
	S_{HPO4}	$\frac{\alpha_{PSS}}{Y_{gro.H.aer}}-\alpha_{PXH}$	$molP/molX_H$
	S_{O2}	$-\left\{\frac{5}{4}\left(\frac{\alpha_{PSS}}{Y_{gro.H.aer}}-\alpha_{PXH}\right)+\left(\frac{\alpha_{CSS}}{Y_{gro.H.aer}}-\alpha_{CXH}\right)+\frac{1}{2}\left(\alpha_{OXH}-\frac{\alpha_{OSS}}{Y_{gro.H.aer}}\right)-\frac{1}{4}\left[3\left(\frac{\alpha_{NSS}}{Y_{gro.H.aer}}-\alpha_{NXH}\right)+\alpha_{HXH}-\frac{\alpha_{HSS}}{Y_{gro.H.aer}}\right]\right\}$	$molO/molX_H$
	S_{CO2}	$\frac{\alpha_{CSS}}{Y_{gro.H.aer}}-\alpha_{CXH}$	$molC/molX_H$
	S_H	$2\left(\frac{\alpha_{PSS}}{Y_{gro.H.aer}}-\alpha_{PXH}\right)-\left(\frac{\alpha_{NSS}}{Y_{gro.H.aer}}-\alpha_{NXH}\right)$	$molH/molX_H$
	S_{H2O}	$-\frac{1}{2}\left[3\left(\frac{\alpha_{PSS}}{Y_{gro.H.aer}}-\alpha_{PXH}\right)+3\left(\frac{\alpha_{NSS}}{Y_{gro.H.aer}}-\alpha_{NXH}\right)+\alpha_{HXH}-\frac{\alpha_{HSS}}{Y_{gro.H.aer}}\right]$	$molH_2O/molX_H$
	X_H	1	$molX_H/molX_H$
过程 2：好氧条件下异养菌的内源呼吸过程	S_{NH4}	$\alpha_{NXH}-\alpha_{NXS}\cdot f_{XS.H.aer}$	$molN/molX_H$
	S_{HPO4}	$\alpha_{PXH}-\alpha_{PXS}\cdot f_{XS.H.aer}$	$molP/molX_H$
	S_{O2}	$-\left\{\frac{5}{4}(\alpha_{PXH}-\alpha_{PXS}\cdot f_{XS.H.aer})+(\alpha_{CXH}-\alpha_{CXS}\cdot f_{XS.H.aer})-\alpha_{OXH}+\alpha_{OXS}\cdot f_{XS.H.aer}-\frac{1}{4}[3(\alpha_{NXH}-\alpha_{NXS}\cdot f_{XS.H.aer})+\alpha_{HXS}\cdot f_{XS.H.aer}-\alpha_{HXH}]\right\}$	$molO/molX_H$

续表

过程	组分	计量系数	单位
过程2：好氧条件下异养菌的内源呼吸过程	S_{CO2}	$\alpha_{CXH}-\alpha_{CXS}\cdot f_{XS.H.aer}$	$molC/molX_H$
	S_H	$2(\alpha_{PXH}-\alpha_{PXS}\cdot f_{XS.H.aer})-(\alpha_{NXH}-\alpha_{NXS}\cdot f_{XS.H.aer})$	$molH/molX_H$
	S_{H2O}	$-\frac{1}{2}[3(\alpha_{PXH}-\alpha_{PXS}\cdot f_{XS.H.aer})+3(\alpha_{NXH}-\alpha_{NXS}\cdot f_{XS.H.aer})+\alpha_{HXS}\cdot f_{XS.H.aer}-\alpha_{HXH}]$	$molH_2O/molX_H$
	X_H	-1	$molX_H/molX_H$
	X_S	$f_{XS.H.aer}$	$molX_S/molX_H$
过程3：好氧条件下自养菌的硝化过程；硝化反应需要消耗碱度	S_{NH4}	$-\frac{1}{Y_{nitro.H.aer}}$	$molN/molX_N$
	S_{NO3}	$\frac{1}{Y_{nitro.H.aer}}-\alpha_{NXN}$	$molN/molX_N$
	S_{HPO4}	$-\alpha_{PXN}$	$molP/molX_N$
	S_{O2}	$-\left(\frac{2}{Y_{nitro.H.aer}}-\frac{5}{4}\alpha_{PXN}-\frac{7}{4}\alpha_{NXN}+\frac{1}{2}\alpha_{OXN}-\alpha_{CXN}-\frac{1}{4}\alpha_{HXN}\right)$	$molO/molX_N$
	S_{CO2}	$-\alpha_{CXN}$	$molC/molX_N$
	S_H	$\frac{2}{Y_{nitro.H.aer}}-2\alpha_{PXN}-\alpha_{NXN}$	$molH/molX_N$
	S_{H2O}	$-\frac{1}{2}\left(-\frac{2}{Y_{nitro.H.aer}}-3\alpha_{PXN}-\alpha_{NXN}+\alpha_{HXN}\right)$	$molH_2O/molX_N$
	X_N	1	$molX_N/molX_N$
过程4：好氧条件下自养菌的内源呼吸过程	S_{NH4}	$\alpha_{NXN}-\alpha_{NXS}\cdot f_{XS.N.aer}$	$molN/molX_N$
	S_{HPO4}	$\alpha_{PXN}-\alpha_{PXS}\cdot f_{XS.N.aer}$	$molP/molX_N$
	S_{O2}	$-\left\{\frac{5}{4}(\alpha_{PXN}-\alpha_{PXS}\cdot f_{XS.N.aer})+(\alpha_{CXN}-\alpha_{CXS}\cdot f_{XS.N.aer})-\alpha_{OXN}+\alpha_{OXS}\cdot f_{XS.N.aer}-\frac{1}{4}[3(\alpha_{NXN}-\alpha_{NXS}\cdot f_{XS.N.aer})+\alpha_{HXS}\cdot f_{XS.N.aer}-\alpha_{HXN}]\right\}$	$molO/molX_N$
	S_{CO2}	$\alpha_{CXN}-\alpha_{CXS}\cdot f_{XS.N.aer}$	$molC/molX_N$
	S_H	$2(\alpha_{PXN}-\alpha_{PXS}\cdot f_{XS.N.aer})-(\alpha_{NXN}-\alpha_{NXS}\cdot f_{XS.N.aer})$	$molH/molX_N$
	S_{H2O}	$-\frac{1}{2}[3(\alpha_{PXN}-\alpha_{PXS}\cdot f_{XS.N.aer})+3(\alpha_{NXN}-\alpha_{NXS}\cdot f_{XS.N.aer})+\alpha_{HXS}\cdot f_{XS.N.aer}-\alpha_{HXN}]$	$molH_2O/molX_N$
	X_N	-1	$molX_N/molX_N$
	X_S	$f_{XS.N.aer}$	$molX_S/molX_N$
过程5：缺氧条件下异养菌的反硝化过程	S_S	$-\frac{1}{Y_{gro.H.anox}}$	$molS_S/molX_H$

续表

过程	组分	计量系数	单位
过程 5：缺氧条件下异养菌的反硝化过程	S_{NO3}	$\frac{4}{5}\left(\frac{\alpha_{CSS}}{Y_{gro.H.anox}}-\alpha_{CXH}\right)+\frac{1}{5}\left(\frac{\alpha_{HSS}}{Y_{gro.H.anox}}-\alpha_{HXH}\right)-\frac{2}{5}\left(\frac{\alpha_{OSS}}{Y_{gro.H.anox}}-\alpha_{OXH}\right)+\left(\frac{\alpha_{PSS}}{Y_{gro.H.anox}}-\alpha_{PXH}\right)$	$molN/molX_H$
	S_{HPO4}	$-\left(\alpha_{PXH}-\frac{\alpha_{PSS}}{Y_{gro.H.anox}}\right)$	$molP/molX_H$
	S_{CO2}	$\frac{\alpha_{CSS}}{Y_{gro.H.anox}}-\alpha_{CXH}$	$molC/molX_H$
	S_H	$\frac{4}{5}\left(\frac{\alpha_{CSS}}{Y_{gro.H.anox}}-\alpha_{CXH}\right)+\frac{1}{5}\left(\frac{\alpha_{HSS}}{Y_{gro.H.anox}}-\alpha_{HXH}\right)-\frac{2}{5}\left(\frac{\alpha_{OSS}}{Y_{gro.H.anox}}-\alpha_{OXH}\right)-\left(\frac{\alpha_{PSS}}{Y_{gro.H.anox}}-\alpha_{PXH}\right)$	$molH/molX_H$
	S_{H2O}	$\frac{3}{5}\left(\frac{\alpha_{HSS}}{Y_{gro.H.anox}}-\alpha_{HXH}\right)-\left(\frac{\alpha_{PSS}}{Y_{gro.H.anox}}-\alpha_{PXH}\right)+\frac{2}{5}\left(\frac{\alpha_{CSS}}{Y_{gro.H.anox}}-\alpha_{CXH}\right)-\frac{1}{5}\left(\frac{\alpha_{OSS}}{Y_{gro.H.anox}}-\alpha_{OXH}\right)$	$molH_2O/molX_H$
	S_{N2}	$\frac{2}{5}\left(\frac{\alpha_{CSS}}{Y_{gro.H.anox}}-\alpha_{CXH}\right)+\frac{1}{10}\left(\frac{\alpha_{HSS}}{Y_{gro.H.anox}}-\alpha_{HXH}\right)-\frac{1}{5}\left(\frac{\alpha_{OSS}}{Y_{gro.H.anox}}-\alpha_{OXH}\right)+\frac{1}{2}\left(\frac{\alpha_{PSS}}{Y_{gro.H.anox}}-\alpha_{PXH}\right)+\frac{1}{2}\left(\frac{\alpha_{NSS}}{Y_{gro.H.anox}}-\alpha_{NXH}\right)$	$molN/molX_H$
	X_H	1	$molX_H/molX_H$
过程 6：缺氧条件下异养菌的内源呼吸过程	S_{NH4}	$\frac{11}{4}(\alpha_{PXH}-\alpha_{PXS}\cdot f_{XS.H.anox})+(\alpha_{CXH}-\alpha_{CXS}\cdot f_{XS.H.anox})-\frac{1}{2}(\alpha_{OXH}-\alpha_{OXS}\cdot f_{XS.H.anox})+\frac{1}{4}(\alpha_{HXH}-\alpha_{HXS}\cdot f_{XS.H.anox})-\frac{5}{4}(\alpha_{NXH}-\alpha_{NXS}\cdot f_{XS.H.anox})$	$molN/molX_H$

续表

过程	组分	计量系数	单位
过程6：缺氧条件下异养菌的内源呼吸过程	S_{NO3}	$-\frac{11}{4}(\alpha_{PXH}-\alpha_{PXS}\cdot f_{XS.H.anox})-(\alpha_{CXH}-\alpha_{CXS}\cdot f_{XS.H.anox})$ $+\frac{1}{2}(\alpha_{OXH}-\alpha_{OXS}\cdot f_{XS.H.anox})$ $-\frac{1}{4}(\alpha_{HXH}-\alpha_{HXS}\cdot f_{XS.H.anox})$ $+\frac{9}{4}(\alpha_{NXH}-\alpha_{NXS}\cdot f_{XS.H.anox})$	$molN/molX_H$
	S_{HPO4}	$\alpha_{PXH}-\alpha_{PXS}\cdot f_{XS.H.anox}$	$molH/molX_H$
	S_{CO2}	$\alpha_{CXH}-\alpha_{CXS}\cdot f_{XS.H.anox}$	$molC/molX_H$
	S_H	$-\frac{1}{4}[3(\alpha_{PXH}-\alpha_{PXS}\cdot f_{XS.H.anox})+4(\alpha_{CXH}-\alpha_{CXS}\cdot f_{XS.H.anox})$ $-2(\alpha_{OXH}-\alpha_{OXS}\cdot f_{XS.H.anox})+(\alpha_{HXH}-\alpha_{HXS}$ $\cdot f_{XS.H.anox})-(\alpha_{NXH}-\alpha_{NXS}\cdot f_{XS.H.anox})]$	$molH/molX_H$
	S_{H2O}	$\frac{17}{4}(\alpha_{PXH}-\alpha_{PXS}\cdot f_{XS.H.anox})+2(\alpha_{CXH}-\alpha_{CXS}\cdot f_{XS.H.anox})$ $-\frac{1}{2}(\alpha_{OXH}-\alpha_{OXS}\cdot f_{XS.H.anox})$ $+\frac{3}{4}(\alpha_{HXH}-\alpha_{HXS}\cdot f_{XS.H.anox})$ $-\frac{27}{4}(\alpha_{NXH}-\alpha_{NXS}\cdot f_{XS.H.anox})$	$molH_2O/molX_H$
	X_H	-1	$molX_H/molX_H$
	X_S	$f_{XS.H.anox}$	$molX_S/molX_H$
过程7a：NH_4^+ 基质下的藻类生长过程	S_{NH4}	$-\alpha_{NXALG}$	$molN/molX_{ALG}$
	S_{HPO4}	$-\alpha_{PXALG}$	$molP/molX_{ALG}$
	S_{O2}	$2\alpha_{CXALG}-\frac{3}{2}\alpha_{NXALG}+\frac{5}{2}\alpha_{PXALG}-\alpha_{OXALG}+\frac{1}{2}\alpha_{HXALG}$	$molO/molX_{ALG}$
	S_{CO2}	$-\alpha_{CXALG}$	$molC/molX_{ALG}$
	S_H	$-(2\alpha_{PXALG}-\alpha_{NXALG})$	$molH/molX_{ALG}$
	S_{H2O}	$-\frac{1}{2}[\alpha_{HXALG}-3\alpha_{PXALG}-3\alpha_{NXALG}]$	$molH_2O/molX_{ALG}$
	X_{ALG}	1	$molX_{ALG}/molX_{ALG}$
过程7b：NO_3^- 基质下的藻类生长过程	S_{NO3}	$-\alpha_{NXALG}$	$molN/molX_{ALG}$
	S_{HPO4}	$-\alpha_{PXALG}$	$molP/molX_{ALG}$
	S_{O2}	$\alpha_{CXALG}+\frac{5}{4}\alpha_{NXALG}+\frac{5}{4}\alpha_{PXALG}+\frac{1}{4}\alpha_{HXALG}-\frac{1}{2}\alpha_{OXALG}$	$molO/molX_{ALG}$
	S_{CO2}	$-\alpha_{CXALG}$	$molC/molX_{ALG}$
	S_H	$-(\alpha_{NXALG}+2\alpha_{PXALG})$	$molH/molX_{ALG}$
	S_{H2O}	$-\frac{1}{2}[\alpha_{HXALG}-3\alpha_{PXALG}-\alpha_{NXALG}]$	$molH_2O/molX_{ALG}$
	X_{ALG}	1	$molX_{ALG}/molX_{ALG}$

续表

过程	组分	计量系数	单位
过程 8：藻类呼吸-死亡过程	S_{NH4}	$\alpha_{NXALG}-\alpha_{NXS}\cdot f_{XS.ALG}$	$molN/molX_{ALG}$
	S_{HPO4}	$\alpha_{PXALG}-\alpha_{PXS}\cdot f_{XS.ALG}$	$molP/molX_{ALG}$
	S_{O2}	$-\left\{\frac{5}{2}(\alpha_{PXALG}-\alpha_{PXS}\cdot f_{XS.ALG})+2(\alpha_{CXALG}-\alpha_{CXS}\cdot f_{XS.ALG})-\alpha_{OXALG}+\alpha_{OXS}\cdot f_{XS.ALG}-\frac{1}{2}[3(\alpha_{NXALG}-\alpha_{NXS}\cdot f_{XS.ALG})-\alpha_{HXALG}+\alpha_{HXS}\cdot f_{XS.ALG}]\right\}$	$molO/molX_{ALG}$
	S_{CO2}	$\alpha_{CXALG}-\alpha_{CXS}\cdot f_{XS.ALG}$	$molC/molX_{ALG}$
	S_H	$-[\alpha_{NXALG}-\alpha_{NXS}\cdot f_{XS.ALG}-2(\alpha_{PXALG}-\alpha_{PXS}\cdot f_{XS.ALG})]$	$molH/molX_{ALG}$
	S_{H2O}	$-\frac{1}{2}[3(\alpha_{NXALG}-\alpha_{NXS}\cdot f_{XS.ALG})+3(\alpha_{PXALG}-\alpha_{PXS}\cdot f_{XS.ALG})-\alpha_{HXALG}+\alpha_{HXS}\cdot f_{XS.ALG}]$	$molH_2O/molX_{ALG}$
	X_{ALG}	1	$molX_{ALG}/molX_{ALG}$
	X_S	$f_{XS.ALG}$	$molX_S/molX_{ALG}$
过程 9：颗粒态有机物水解过程	S_S	$Y_{hydro.XS}$	$molS_S/molX_S$
	S_{NH4}	$\alpha_{NXS}-\alpha_{NSS}\cdot Y_{hydro.XS}$	$molN/molX_S$
	S_{HPO4}	$\alpha_{PXS}-\alpha_{PSS}\cdot Y_{hydro.XS}$	$molP/molX_S$
	S_{O2}	$-\frac{1}{2}\left\{-(\alpha_{OXS}-\alpha_{OSS}\cdot Y_{hydro.XS})+\frac{5}{2}(\alpha_{PXS}-\alpha_{PSS}\cdot Y_{hydro.XS})+2(\alpha_{CXS}-\alpha_{CSS}\cdot Y_{hydro.XS})-\frac{1}{2}[3(\alpha_{NXS}-\alpha_{NSS}\cdot Y_{hydro.XS})+\alpha_{HSS}\cdot Y_{hydro.XS}-\alpha_{HXS}]\right\}$	$molO/molX_S$
	S_{CO2}	$\alpha_{CXS}-\alpha_{CSS}\cdot Y_{hydro.XS}$	$molC/molX_S$
	S_H	$2(\alpha_{PXS}-\alpha_{PSS}\cdot Y_{hydro.XS})-(\alpha_{NXS}-\alpha_{NSS}\cdot Y_{hydro.XS})$	$molH/molX_S$
	S_{H2O}	$-\frac{1}{2}[3(\alpha_{PXS}-\alpha_{PSS}\cdot Y_{hydro.XS})+3(\alpha_{NXS}-\alpha_{NSS}\cdot Y_{hydro.XS})+\alpha_{HSS}\cdot Y_{hydro.XS}-\alpha_{HXS}]$	$molH_2O/molX_S$
	X_S	−1	$molX_S/molX_S$
过程 10：酸碱中和 $H_2O \longrightarrow OH^- + H^+$	S_H	1	molH/molH
	S_{OH}	1	molH/molH
	S_{H2O}	−1	$molH_2O/molH_2O$
过程 11a：化学平衡 $CO_2 + H_2O \longrightarrow HCO_3^- + H^+$	S_{CO2}	−1	molC/molC
	S_H	1	molH/molH
	S_{H2O}	−1	$molH_2O/molH_2O$
	S_{HCO3}	1	molC/molC
过程 11b：化学平衡 $HCO_3^- + H_2O \longrightarrow CO_3^{2-} + H^+$	S_{CO3}	1	molC/molC
	S_H	1	molH/molH
	S_{H2O}	−1	$molH_2O/molH_2O$
	S_{HCO3}	−1	molC/molC

同时，基于RWQM1的关键生态动力学过程的参数化表达方法具有以下三个方面的优点，确保了从模型设计上的可靠性和准确性[53, 54]。

（1）严格的物质守恒。模型延续了RWQM1在元素层面上实现物质守恒的原则。从状态变量设置、状态变量元素组成、动力学参数与化学反应动力学方程配平等方面，实现了严格意义上的物质守恒。

（2）结构化、模块化设计的灵活性。在生物地球化学反应过程中采用Peterson矩阵，实现了结构化与模块化的设计。一方面，对于单个模块内部，采用1个Peterson矩阵实现面向碳迁移转化过程的模拟，这使得在模型结构中每个过程相互独立但又彼此关联；另一方面，对不同模块（水体、底泥、库岸带、下游受影响河段等），采用不同的Peterson矩阵描述碳的迁移转化过程，它们之间的关联性仅以模型状态变量的质量变化互为边界条件，故可分别对不同模块进行单独模拟后再考虑整体水库的情况。

（3）模型结构的内在一致性。因采用Peterson矩阵和RWQM1标准化的建模思路，保证了不同生态动力学过程参数化表达和模型结构的内在一致性，主要体现在以下两方面：①状态变量之间的一致性，即在不同模块中同一种物质均采用相同的状态变量描述；确保了不同模块间对同一种物质迁移转化过程的一致性描述。②过程及其动力学描述的一致性。在同相（水、土等）式同一类迁移转化过程采用相同的化学反应方程和动力学表达方式，即便是在不同模块之间（如水库水体模块、下游受影响河段、未建库天然河道），对于同一个迁移转化过程，其化学反应的描述、动力学表达等都保持一致。

从某种意义上，模型结构的内在一致性是模块化、结构化设计的重要基础；模块化、结构化设计是模型内在一致性的重要保证，也正是由于实现了模型结构的内在一致性，模拟结果的精度可以得到很好的保证。

为进一步支撑感知系统后续开展水生态环境过程（富营养化、水华等）的预测预报，切实提升在线监测结果对水生态环境系统的感知能力，在对三峡水库主要生态动力学过程进行甄别并实现参数化表达的基础上，以三峡典型支流库湾为对象，结合历史监测数据序列，构建三峡典型支流回水区生态动力学模型，获取该区域关键生态动力学过程参数阈值范围，对上述参数化方法的有效性和可用性进行验证性应用，并为后续拓展应用至三峡水库全库提供基础。

2.4.2 澎溪河高阳平湖水华与水体富营养化特征与过程

澎溪河高阳平湖水域（图2-17～图2-19），地处澎溪河下游常年回水区中部，地势平坦，其上游（养鹿杨家坝—澎溪河电站）、下游（代李子—牛栏溪）河段均为峡谷型河道，河道狭长且断面变化不大，水力条件相对单一，而高阳平湖水域则是上述两个峡谷之间水域面积在4～5km^2（水位145m）的开阔水域，上游水体经峡谷流入此处，流速减缓，具有类似湖泊的地貌环境及水文水力特征。

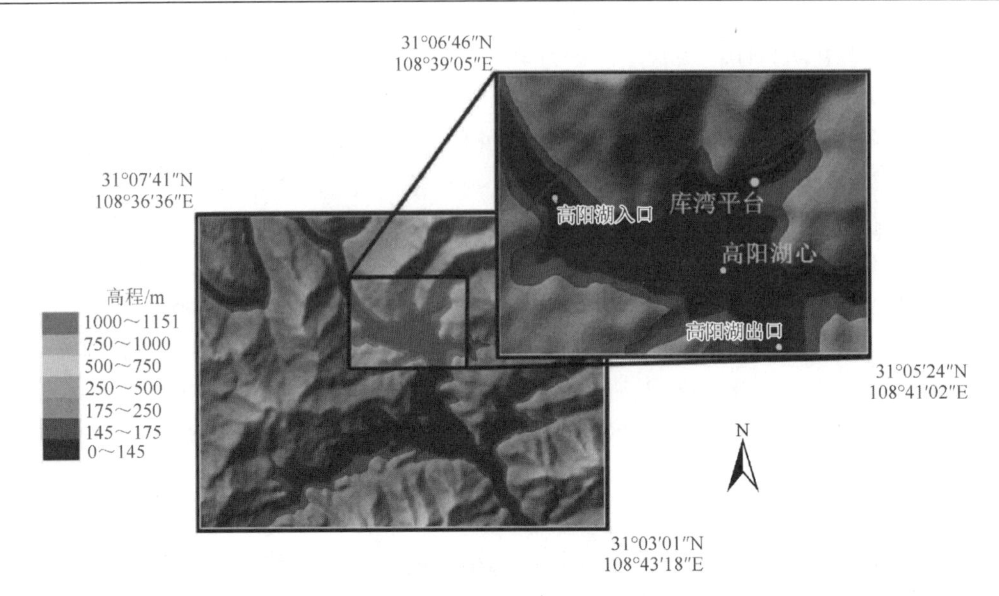

图 2-17　高阳平湖区位示意图

图 2-18　高阳平湖实景照片（远处有蓝藻水华）

图 2-19　高阳平湖近岸消落带实景照片

高阳平湖水域河道深泓处高程为 125～130m，淹没区河底高程为 135～140m；故在三峡水库“蓄清排浑”的调度运行模式下，该水域在夏季低水位时平均水深不足 15m，冬季高水位时平均水深超过 30m，形成了近似于“浅水湖泊—深水湖泊”的季节性交替特征。

本节以澎溪河回水区野外监测成果为基础（2015～2016 年）（图 2-20），对三峡水库运行下该水域的水生态与水环境变化特点进行总结。

图 2-20　在高阳平湖野外试验站开展现场工作的照片

2.4.2.1 生境总体特点与季节变化[5, 55, 56]

受亚热带季风性气候的影响，澎溪河回水区总体上呈现暖单季的分层-混合特征。分层期通常从5月开始，持续至10月。但由于夏季处于低水位运行期间，澎溪河回水区高阳平湖平均水深为10～15m，水体混合条件优于冬季高水位时期（该时期平均水深超过30m），且同期为汛期，故在夏季形成的水温垂向分层格局很可能因洪水过程被打破。故夏季分层期水体温度分层格局并不稳定（图2-21）。

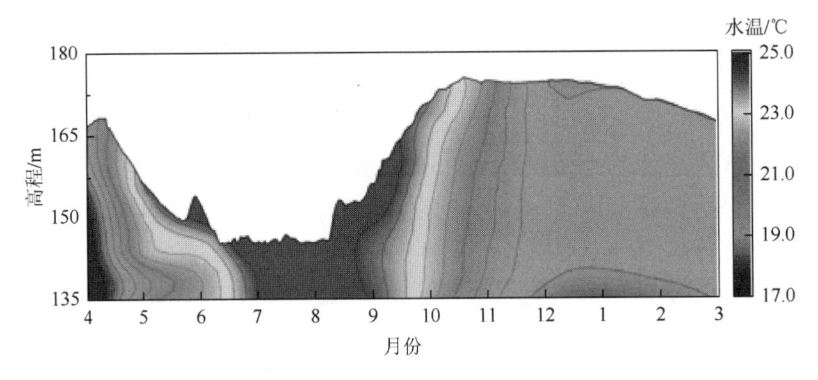

图2-21 高阳平湖2015年4月～2016年3月垂向水温结构

在HEC-RAS平台上建立澎溪河回水区一维水动力模型[57]，对其水动力特点进行分析。澎溪河回水区水体滞留时间为3.8～157.0天，呈过流型（水体滞留时间小于20天）水库特征的时段占15.6%，主要集中在5～8月的夏季主汛期；处于过渡型状态（水体滞留时间为20～100天）的时段约占84.4%。澎溪河回水区倒灌现象主要集中于9月下旬至11月上旬蓄水期间，最远影响范围约2km。

澎溪河高阳平湖总体呈中营养状态。以硝态氮（NO_3^--N）为主的溶解态无机氮（dissolved inorganic nitrogen，DIN）是氮素的主要赋存形态，颗粒态磷（particulate phosphorus，PP）是磷的主要赋存形态。N、P浓度及其不同赋存形态构成受水库调蓄和降水径流过程影响显著[5, 58, 59]。入汛后，NH_4^+-N浓度显著增加，水体所表征出的还原性特点越强；PP在降水、径流作用下，随无机颗粒物一起输入水体，成为TP的主要组分。在高水位运行状态下，无机氮素的形态更倾向于NO_3^--N，NH_4^+/NO_3^-显著降低；水体滞留时间延长促进了PP的沉淀，且水质理化特性的改变使溶解性活性磷（soluable reactive phosphorus，SRP）成为TP的主要赋存形态。近年来TN/TP总体呈下降趋势，高阳平湖藻类生长总体受P限制，但在冬末至夏初季节易出现受N限制的状态[60]。

2.4.2.2 藻类群落演替的生态学特征

2015年7月至2016年5月共鉴定出藻类6门24属，包括硅藻门4属，占16.7%；绿藻门 10 属，占 41.6%；蓝藻门 6 属，占 25%；甲藻门 2 属，占 8.3%；隐藻门 1 属，占 4.2%；金藻门 1 属，占 4.2%。从藻类种类组成上看，高阳平湖水域绿藻种类最多，其次为蓝藻和硅藻，其他藻门出现种类较少，属于硅-蓝绿藻型，是较典型的中营养型水体的群落组成（图 2-22、图 2-23）。

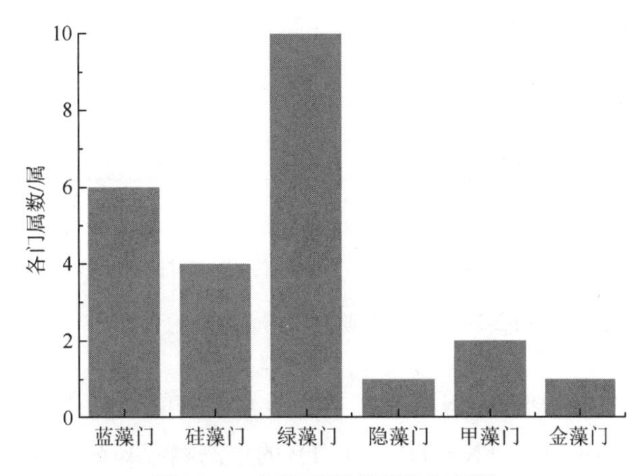

图 2-22　高阳平湖藻类各门属数

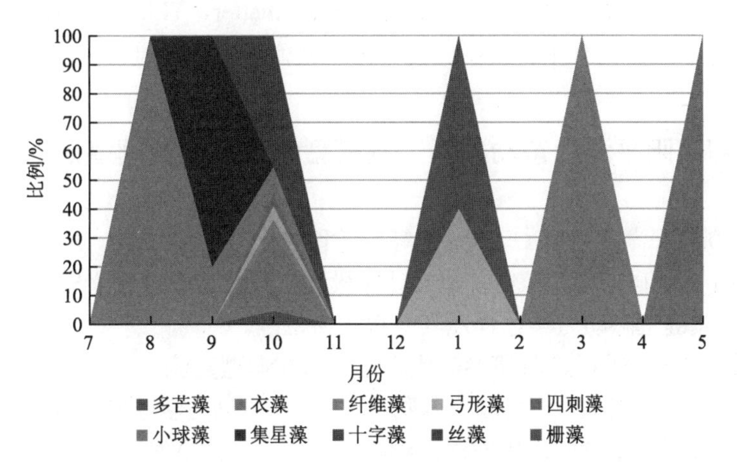

图 2-23　高阳平湖蓝藻、绿藻和硅藻各门藻类组成比例

2015 年 8 月高阳平湖藻类细胞密度最大，为 18.56×10^5cells/L；其次是 2015 年 10 月和 2016 年 5 月，藻类总细胞密度分别为 4.49×10^5cells/L 和 4.32×10^5cells/L，其余月份藻类总细胞数维持在 10^4～10^5cells/L 变动。由图 2-24 可见，10 月以绿藻和蓝藻为主，其他藻门丰度较低，并且蓝藻密度最高，为绝对优势藻类；2016 年 5 月则硅藻和甲藻占优，藻类细胞密度最大。其中，2015 年 10 月，蓝藻的优势藻为鱼腥藻和束丝藻，分别占蓝藻生物总量的 46.67%和 27.78%，硅藻的优势种为小环藻，绿藻的优势种为小球藻。

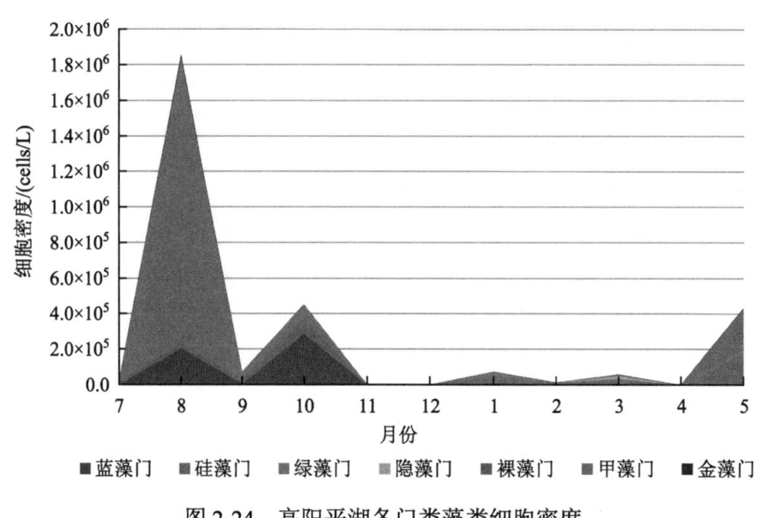

图 2-24 高阳平湖各门类藻类细胞密度

分析发现，藻类生长对 NO_3^--N、SRP 等无机营养物的摄取利用过程明显，受太阳辐射、水温的影响显著，但其对 TN、TP、TN/TP 的生态响应却尚不明晰。水库运行水位、水体滞留时间、太阳辐射强度、水温是影响该水域藻类群落结构的主要环境因素。在低水位条件下，水中总悬浮颗粒物浓度（total particulate matter，TPM）和 NH_4^+-N 对群落结构的影响显著；在高水位条件下，太阳辐射强度、水温和径流量对群落结构的影响明显[5]。

2.4.3 澎溪河高阳平湖生态动力学过程模型构建与参数阈值确定

本节围绕高阳平湖水体中 C、N、P 等的迁移转化与平衡关系，并结合“十二五”水专项课题任务中的“碳平衡”核心，建立计算模型，并通过敏感性分析，确定典型支流库湾 C、N、P 的关键生态动力学过程及其参数阈值范围。

本节的目的在于：①通过前述参数化表达方法在典型支流库湾的具体应用，确定前述参数化表达方法的科学有效性，并获得典型支流库湾生态动力学过程的参数阈值范围；②构建以 C、N、P 循环为基础的水生态动力学过程模型，支撑后续利用关键生源要素的变化速率对水生态变化的观测。因此，建模技术路线如图 2-25 所示。

但因涉及的过程众多，为抓住主要矛盾，对模型构建做出以下简化。

（1）水体生源要素收支过程着眼于高阳平湖全湖状态。结合前期碳平衡调查中的主要界面过程，故本节的碳平衡模型中暂不考虑气泡释放[61, 62]。

（2）在碳素中，CH_4 的产生与释放在全年的尺度下所占比重不大[63]，故模型暂不对 CH_4 产汇过程模拟，模拟对象仅考虑 CO_2 及其他常规水质指标。

（3）相对于三峡水库（超过 1000km^2 的水域面积），高阳平湖仅可视为是“小水体”，故在针对高阳平湖的模型概化，仅考虑“零维”的情况，即视高阳平湖为一个单独的完全混合反应器，仅考虑高阳平湖内的生物化学反应过程，不考虑物质迁移造成的时空分布差异问题。

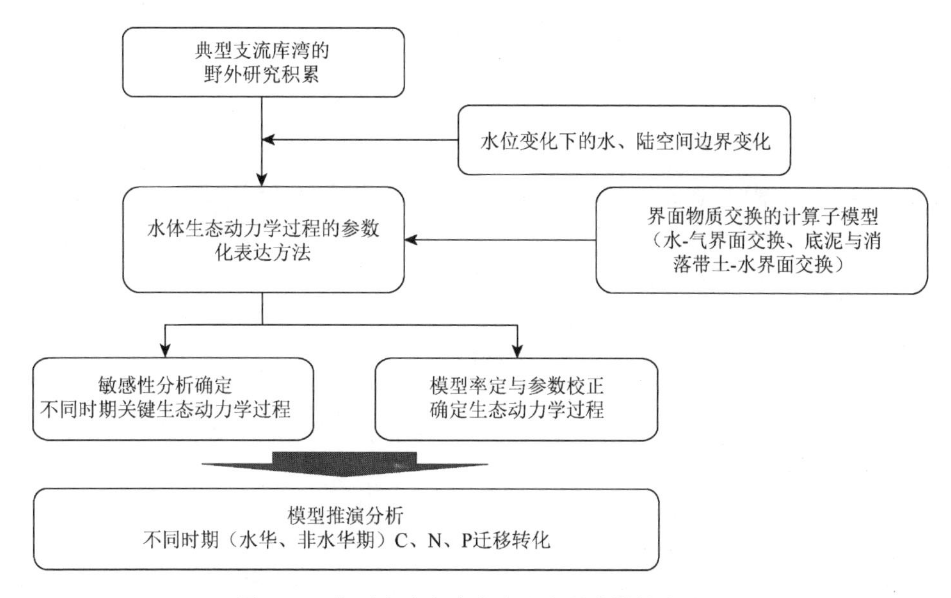

图 2-25 典型支流库湾生态动力学建模技术路线

（4）时间上，因监测数据为逐月监测，且为方便模型模拟，故采用准非恒定的求解方案，计算步长为日，但在最后结果整理与展示中，以月为单位，视单月份内高阳平湖生物化学反应过程为稳态，月份间连续成动态变化。建模的空间边界为高阳平湖入口控制断面和高阳平湖出口控制断面。高程边界为 175m 范围水域。

（5）高阳平湖控制断面（高阳平湖入口至其出口断面）水域面积在 3～4km^2，近岸高阳镇污水收集后排至该水域下游，故该点源对水域的输入可忽略不计。控制断面之间的面源污染，根据课题组构建的澎溪河流域非点源模型所确定的相关参数进行估计。

（6）藻类生物量（BioM）和叶绿素 a 浓度（Chla）的换算，根据在澎溪河回水区建立的预测模型进行计算[5]，具体公式为

$$\lg(\text{BioM}) = 0.7563 \cdot \lg(\text{Chla}) + 2.7331, \quad R^2 = 0.7704, \quad n = 212, \quad \text{Sig.} \leqslant 0.01$$

（7）模型并不考虑硅酸盐对硅藻产生限制的动力学过程。不考虑不同藻类种群、相同藻种不同生长状态下细胞内 C、N、P、O、H 等化学计量参数的变化。

（8）网箱养鱼、水库生态渔业等人类活动将通过鱼类资源产出，从水体中移除大量有机碳而减少水库中的碳累积，本模型暂不予以考虑。

（9）在目前的模型版本中，元素组成仅仅考虑了 C、H、O、N 和 P。在模型中，所有化合物和生物有机体的元素组成和所有（生化转化）过程的化学计量学在时间上均假定为恒定的（但它们在不同模型中可能不相同）。若其他元素对碳迁移转化产生重要的影响（如底泥中的 S、Fe、Mn 等），则应重新建模予以仔细考虑。

（10）对于大水体（如三峡水库），假定水体中硝酸盐浓度一直足够，即不考虑水体中存在的厌氧条件。不考虑水体中 NO_2^- 积累，并作为电子供体的情况；因需要严格的厌氧环境，CH_4 并不在水体中生成，而考虑在底泥中生成。

2.4.3.1 模型边界确定

稳态条件下，高阳平湖库容变化过程和逐月三峡坝前水位变化过程如图 2-26～图 2-28 所示。其中，根据 1∶2000 水下地形图，高阳平湖水域面积 y_1（单位：km^2）、库容 y_2（单位：m^3）和坝前水位 x（单位：m）的拟合结果为[56]

$$
\begin{cases}
y_1 = -96.22 \times \exp\left(-\dfrac{x}{33.37}\right) + 4.54, & R^2 = 1.00 \\
y_2 = -1.16894 \times 10^8 + 1.05467 \times 10^7 \times \exp(0.01889x), & R^2 = 1.00
\end{cases}
$$

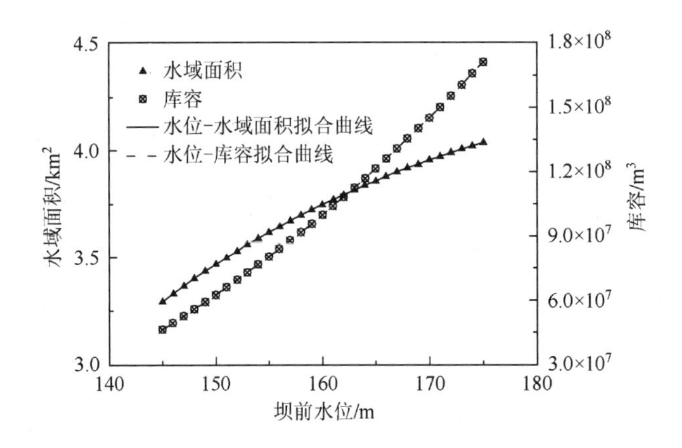

图 2-26 坝前水位同水域面积、库容拟合结果

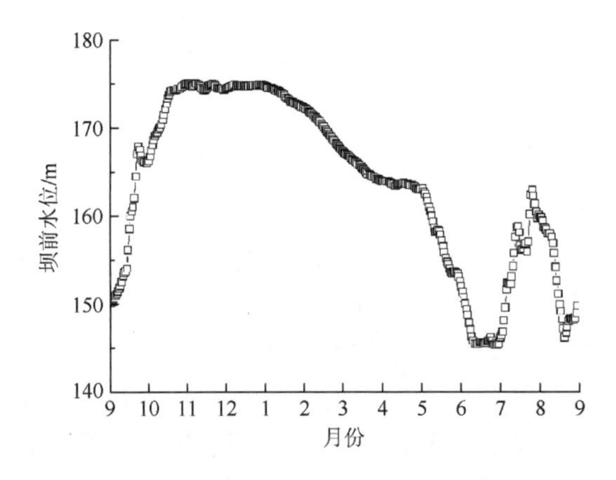

图 2-27 研究期间三峡水库坝前水位变化

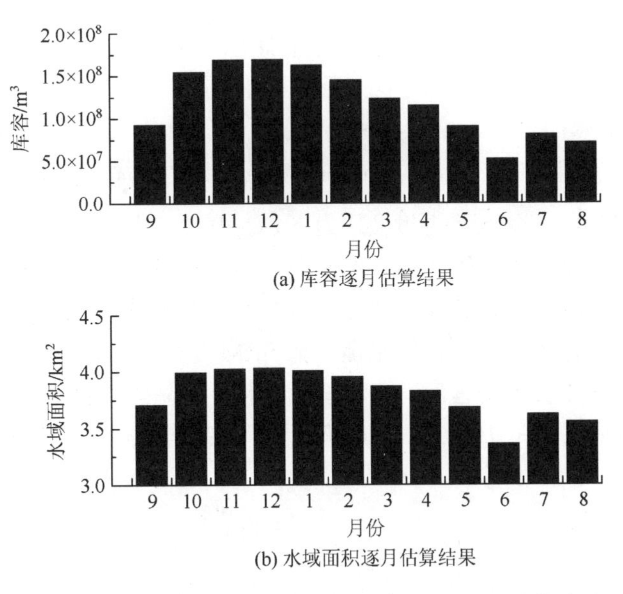

(a) 库容逐月估算结果

(b) 水域面积逐月估算结果

图 2-28　研究同期高阳平湖库容和水域面积逐月估算结果

2.4.3.2　界面交换计算子模型

模型涉及的界面过程包括：水-气界面 CO_2 交换、底泥与消落带土-水界面交换。因对水生生态系统的影响不显著，故暂不考虑土-气界面气体交换。

CO_2 通量采用薄边界层（thin boundary layer，TBL）模型进行计算。该模型以菲克定律为基础，使用水质-水生态耦合模型计算的状态变量 S_{CO2} 作为输入变量进行计算。具体计算模型的计算如图 2-29 所示。

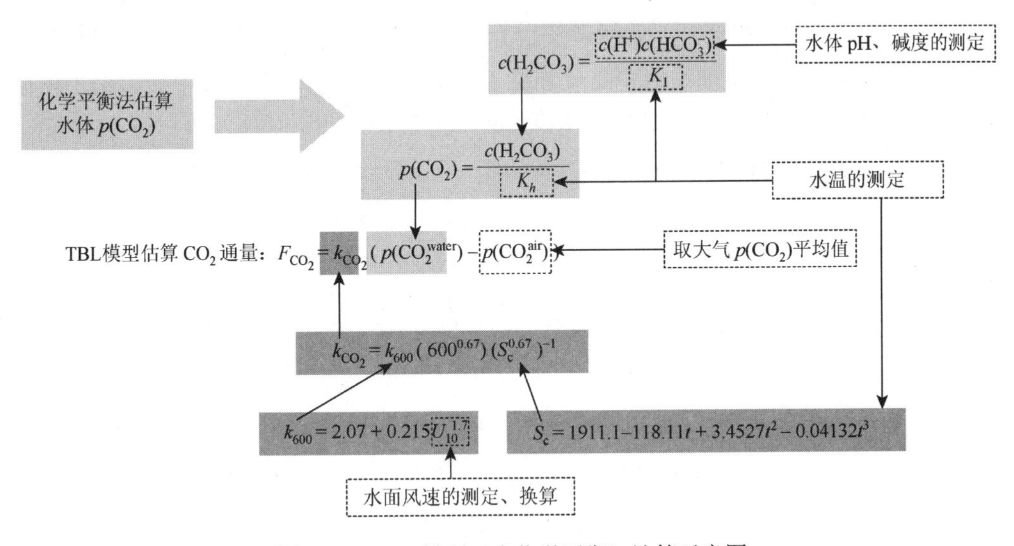

图 2-29　TBL 模型（水化学平衡）计算示意图

根据菲克定律，对于淡水水体，水–气界面 CO_2 通量（正为释放，负为吸收）可由式（2-1）计算得出：

$$F_{CO_2} = k_x (C_{water} - C_{air}) \tag{2-1}$$

式中，F_{CO_2} 为水–气界面 CO_2 通量，mmol/(m²·h)；k_x 为 CO_2 传质系数，cm/h；C_{water} 为水中 CO_2 的浓度，mmol/L；C_{air} 为现场温度及压力下 CO_2 气体在水中的饱和浓度，mmol/L。

对于传质系数 k_x 的估算，目前有两种模型，分别是 TBL 模型和表面更新模型（surface renewal model，SRM）。TBL 模型是假定气体转移是由水表面的薄边界层控制的水–气界面的浓度与大气中气体浓度形成溶解平衡；而 SRM 是假定水面漩涡可取代水表面薄层，且取代速度取决于水的被搅动程度。针对湖泊、水库生态系统的研究，目前世界范围内对 k_x 的确定绝大多数采用的是 1989 年 Jähne 等[64]和 1998 年 Cole 和 Caraco 等[65]建立的经验公式［式（2-2）～式（2-5）］。

$$k_{CO_2} = k_{600}\left(\frac{600}{S_c}\right)^{0.67} \tag{2-2}$$

$$k_{600} = 2.07 + 0.215 \times U_{10}^{1.7} \tag{2-3}$$

$$S_c(CO_2) = 1911.1 - 118.11t + 3.4527t^2 - 0.04132t^3 \tag{2-4}$$

$$U_{10} = U_z\left[1 + \frac{(C_{d10})^{1/2}}{\kappa}\ln\left(\frac{10}{z}\right)\right] \tag{2-5}$$

式中，k_{600} 为六氟化硫（SF_6）气体的传质系数，cm/h；S_c 为 t 下 CO_2 的 Schmidt 常数；U_{10} 为水面上方 10m 的风速，m/s；t 为温度，℃；z 为测量风速时的高度，m；U_z 为高度为 z 时的风速，m/s；C_{d10} 为 10m 时的阻力系数，取 0.0013；κ 为卡门常数，取 0.41。

水中 CO_2 浓度的确定采用水化学平衡法，即通过测定水样中溶解性无机碳（dissolved inorganic carbon，DIC）浓度或碱度、pH 及水温求得水中 CO_2 浓度。水体中 DIC 由 CO_2、H_2CO_3、HCO_3^- 和 CO_3^{2-} 组成，平衡时各组分在水溶液中的浓度主要与 pH、水温和水中离子强度（I）有关。假设淡水系统中离子强度 $I=1$，根据 CO_2 在水溶液中的碳酸平衡原理如式（2-6）所示，计算水溶液中 CO_2 浓度，如式（2-7）和式（2-8）所示：

$$CO_2 + H_2O \longleftrightarrow H_2CO_3^* \longleftrightarrow H^+ + HCO_3^- \longleftrightarrow 2H^+ + CO_3^{2-} \tag{2-6}$$

$$c(CO_2)_{water} = \frac{c(H^+) \times c(HCO_3^-)}{K_1} \tag{2-7}$$

$$c(CO_2)_{water} = \frac{DIC}{1 + \dfrac{K_1}{c(H^+)} + \dfrac{K_1 \times K_2}{c(H^+)^2}} \tag{2-8}$$

式中，$c(CO_2)_{water}$ 为水中 CO_2 浓度，mmol/L；K_1、K_2 为平衡常数；$c(H^+)$，$c(HCO_3^-)$ 分别为水中 H^+ 及 HCO_3^- 的浓度，mmol/L；DIC 为水中 DIC 浓度，mmol/L。

通常 K_1、K_2 可由式（2-9）、式（2-10）计算得出，其中 T 为采样时的水温（℃）：

$$pK_1 = -6320.813 / T_K - 19.569224 \times \ln T_K + 126.34048 \tag{2-9}$$

$$pK_2 = -5143.692 / T_K - 14.613358 \times \ln T_K + 90.18333 \tag{2-10}$$

根据政府间气候变化专门委员会（Intergovermental Panel on Climate Change，IPCC）第五次评估报告[66]，本模型假定大气中 CO_2、CH_4 浓度恒定，分别为 390.5ppmv①、1.803ppmv。另外，大气中 O_2 平均浓度为 209460ppmv。采用 TBL 模型计算水-气界面气体交换，所需参数（如风速、气温等）均为现场同步实测结果。

消落带土壤生源物质释放通量及相关参数是在“十一五”水专项研究工作的基础上进行的，相关通量监测、计算方法与模型详见“十一五”水专项子课题“消落带污染源汇与水环境保护方案及决策管理系统”（2009ZX07104-003-02）技术报告，本节不再赘述。模型研究中，消落带采集地点在高阳平湖库湾平台附近，水面上大约 0.2m、5m、10m、20m 处消落带斜坡面分梯度采样。采样使用柱状采样器，采样管高 55cm，内径 10.5cm，然后切取 0～20cm 的表层样品放于自封袋中冷藏保存并带回实验室，用于分析消落带的土壤组分；底泥采集在高阳平湖库湾平台附近水面靠近河床处，使用柱状采样器采集，采集后将样品放于自封袋中冷藏保存并带回实验室用于测定底泥组分。

2.4.3.3 参数率定与敏感性分析

参数初始取值与率定后的参数取值见表 2-10～表 2-12。各状态变量的化学计量系数见表 2-9。

表 2-10 高阳平湖模型计算产率系数初始值选取

过程编号	过程名称	产率系数符号	初始值	率定后终值	单位
1	异养菌的好氧生长过程（氨化过程）	$Y_{gro.H.aer}$	0.5	0.55	$molX_H/molS_S$
2	好氧条件下异养菌的内源呼吸过程	$f_{XS.H.aer}$	0.2	0.22	$molX_S/molX_H$
3	好氧条件下自养菌的硝化过程	$Y_{nitro.N.aer}$	0.01	0.01	$molX_N/molS_{NH4}$
4	好氧条件下自养菌的内源呼吸过程	$f_{XS.N.aer}$	0.2	0.22	$molX_S/molX_N$
5	缺氧条件下异养菌的反硝化过程	$Y_{gro.H.anox}$	0.1	0.09	$molX_H/molS_S$
6	缺氧条件下异养菌的内源呼吸过程	$f_{XS.H.anox}$	0.2	0.22	$molX_S/molX_H$
8	藻类呼吸-死亡过程	$f_{XS.ALG}$	1.0	0.84	$molX_S/molX_{ALG}$
9	颗粒态有机物水解过程	$Y_{hydro.XS}$	1.00	1.00	$molS_S/molX_S$

注：参数初始值来源于文献[48, 67]，率定后终值为参数敏感性分析后参数率定结果。

表 2-11 酸碱平衡化学平衡系数

过程编号	过程名称	符号	取值
10	化学平衡 $H_2O \longleftrightarrow H^+ + OH^-$	K_W	$10^{\frac{4470.99}{(273.15+T)}+12.0875-0.01706(273.15+T)}$
11a	化学平衡 $CO_2 \longleftrightarrow HCO_3^-$	K_{eq1}	$10^{17.843-\frac{3404.71}{(273.15+T)}-0.032786(273.15+T)}$
11b	化学平衡 $HCO_3^- \longleftrightarrow CO_3^{2-}$	K_{eq2}	$10^{9.494-\frac{2902.39}{(273.15+T)}-0.02379(273.15+T)}$

① ppmv 为体积比，$1ppm = 10^{-6}$。

表 2-12 反应动力学参数（$T_0 = 20$℃）

参数符号	初始值	率定值	单位	参数符号	初始值	率定值	单位
$k_{gro.H.aer.T_0}$	1.5	2.0	d^{-1}	$K_{S.H.aer}$	1.5	2.0	gSs/m^3
$k_{resp.H.aer.T_0}$	0.2	0.2	d^{-1}	$K_{O2.H.aer}$	0.1	0.2	gO/m^3
$k_{gro.N.aer.T_0}$	0.8	1.0	d^{-1}	$K_{HPO4.H}$	0.01	0.02	gP/m^3
$k_{resp.N.aer.T_0}$	0.02	0.05	d^{-1}	$K_{S.N.aer}$	1.0	2.0	gSs/m^3
$k_{gro.H.anox.T_0}$	1.5	1.6	d^{-1}	$K_{O2.N.aer}$	0.1	0.2	gO/m^3
$k_{resp.H.anox.T_0}$	0.1	0.1	d^{-1}	$K_{HPO4.N}$	0.01	0.02	gP/m^3
$k_{gro.ALG.T_0}$	2.5	2.0	d^{-1}	$K_{S.H.anox}$	1.0	2.0	gSs/m^3
$k_{resp.ALG.T_0}$	0.5	0.2	d^{-1}	$K_{NO3.H.aer}$	0.1	0.5	gN/m^3
$k_{hydro.XS.T_0}$	2.5	3.0	d^{-1}	$K_{NH4.ALG}$	0.2	0.1	gN/m^3
$k_{CH4.H.aero.T_0}$	2.5	2.4	d^{-1}	$K_{HPO4.ALG}$	0.02	0.02	gP/m^3
β_{ALG}	0.046	0.046	℃$^{-1}$	$K_{NO3.ALG}$	0.1	0.1	gN/m^3
β_{H}	0.07	0.07	℃$^{-1}$	$K_{O2.ALG.aer}$	0.04	0.04	gO/m^3
β_{N}	0.080	0.080	℃$^{-1}$	$k_{eq.1}$	100000	100000	d^{-1}
β_{XS}	0.07	0.07	℃$^{-1}$	$k_{eq.2}$	10000	10000	d^{-1}
K_I	500	500	W/m^2	$k_{eq.w}$	10000	10000	$m^3/(gH\cdot d)$

注：参数初始值来源于文献[48, 65]。

根据上述计量学参数和率定后的参数值，生成的化学计量系数矩阵见表 2-13。

其中，参数率定以一个完整周年高阳平湖监测数据为基础，因参数众多，需首先通过参数敏感性排序确定率定的参数组合。敏感性分析方法采用基于蒙特卡洛分析的 Morris 局部敏感性分析方法进行。

Morris 筛选法为目前应用较广的一种局部敏感性分析方法。Morris 筛选法选取模型中一变量 x_i，其余参数值固定不变，在变量阈值范围内随机改变 x_i，运行模型可得到目标函数 $y(x) = y(x_1, x_2, \cdots, x_n)$的值。用影响值 e_i 判断参数变化对输出值的影响程度，如式（2-11）：

$$e_i = (y^* - y) / \Delta_i \tag{2-11}$$

式中，y^* 为参数变化后的输出值；y 为参数变化前的输出值；Δ_i 为参数 i 的变幅。修正的 Morris 筛选法采用自变量以固定步长变化，敏感性判别因子取 Morris 多个平均值，如式（2-12）：

$$S = \sum_{i=0}^{n-1} \frac{(Y_{i+1} - Y_i) / Y_0}{(P_{i+1} - P_i) / 100} / (n-1) \tag{2-12}$$

表 2-13 基于参数终值的 Peterson 矩阵求解结果

j 过程↓		1	2	3	4	5	6	7	8	9	10	11	12	13	14	15	16
		S_S	S_{NH4}	S_{NO3}	S_{HPO4}	S_{O2}	S_{CO2}	S_{HCO3}	S_{CO3}	S_H	S_{OH}	S_{CH4}	S_{N2}	X_H	X_N	X_{ALG}	X_S
1	异养菌的好氧生长过程（氨化过程）	-1.81	15.24		0.81	-262.71	222.50			-43.81				1.00			
2	好氧条件下异养菌的内源呼吸过程		6.00		0.78	-12.10	12.72			-4.44				-1.00			0.22
3	好氧条件下自养菌的硝化过程		-333.75	324.85	-1.00	-638.05	-44.80			656.60					1.00		
4	好氧条件下自养菌的内源呼吸过程		6.00		0.78	-12.10	12.72			-4.44					-1.00		0.22
5	缺氧条件下异养菌的反硝化过程	-10.89		-2461.99	9.89		1559.01			1530.78			843.24	1.00			
6	缺氧条件下异养菌的内源呼吸过程		12.41	-6.40	0.78		12.72			-17.17				-1.00			0.22
7a	NH_4^+ 基质下的藻类生长过程		-13.30		-1.00	180.15	-93.00			11.30						1.00	
7b	NO_3^- 基质下的藻类生长过程			-13.30	-1.00	116.68	-93.00			-15.30						1.00	
8	藻类呼吸-死亡过程		2.09		0.16	112.11	-31.12			-64.33						-1.00	0.84
9	颗粒态有机物水解过程	0.40	7.98		0.60	-29.66				-6.78							-1.00
10	化学平衡 $H_2O \longleftrightarrow H^+ + OH^-$									1.00	1.00						
11a	化学平衡 $CO_2 \longleftrightarrow HCO_3^-$						-1.00	1.00									
11b	化学平衡 $HCO_3^- \longleftrightarrow CO_3^{2-}$							-1.00	1.00								

注：模型计算中，在稳态条件下，每个状态变量的计量系数乘以其所在过程中的反应动力学参数，然后沿上述矩阵的垂直方向将不同过程进行叠加，即可获得该状态变量在反应条件下的反应量。结合输入、输出量，可以获得物质的量的变化关系。上述计量参数单位为 mol/m^3。

式中，S为敏感性判别因子；Y_i为模型第i次运行输出值；Y_{i+1}为模型第$i+1$次运行输出值；Y_0为参数率定后计算结果的初始值；P_i为第i次模型运算参数值相对于率定后参数值的变化百分率；P_{i+1}为第$i+1$次模型运算参数值相对于率定后参数值的变化百分率；n为模型运行次数。参照Lenhart等2002年提出的敏感性评价标准[68]，对不同生态过程的敏感性的分级（表2-14），进行敏感性分析说明。根据参数初始值的运行计算结果，对不同生化转化过程的参数敏感性进行评级（表2-15），评级结果发现以下几个特点。

表2-14 参数敏感性分级

等级	敏感性判别因子范围	敏度性
Ⅰ	$0 \leqslant \lvert S_i \rvert < 0.05$	不灵敏
Ⅱ	$0.05 \leqslant \lvert S_i \rvert < 0.2$	中等灵敏
Ⅲ	$0.2 \leqslant \lvert S_i \rvert < 1$	灵敏
Ⅳ	$\lvert S_i \rvert \geqslant 1$	高灵敏

表2-15 关键生态动力学过程参数敏感性评级结果

	描述的生态动力学过程	参数1：产率系数	敏感性评级结果（$\lvert S_i \rvert$）	参数2：20℃反应动力学参数	敏感性评级结果（$\lvert S_i \rvert$）	参数3：生化过程的半饱和常数或反应系数	敏感性评级结果（$\lvert S_i \rvert$）
1	异养菌的好氧生长过程	$Y_{gro.H.aer}$	0.87	$k_{gro.H.aer.T_0}$	0.90	$K_{S.H.aer}$ $K_{O2.H.aer}$ $K_{HPO4.H}$	0.31 0.24 0.06
2	好氧条件下异养菌的内源呼吸过程	$f_{XS.H.aer}$	0.21	$k_{resp.H.aer.T_0}$	0.66	$K_{O2.H.aer}$	0.24
3	好氧条件下自养菌的硝化过程	$Y_{nitro.N.aer}$	1.2	$k_{gro.N.aer.T_0}$	0.93	$K_{S.H.aer}$ $K_{O2.H.aer}$ $K_{HPO4.H}$	0.31 0.24 0.06
4	好氧条件下自养菌的内源呼吸过程	$f_{XS.N.aer}$	0.22	$k_{resp.N.aer.T_0}$	0.12	$K_{O2.H.aer}$	0.24
5	缺氧条件下异养菌的反硝化过程	$Y_{gro.H.anox}$	0.12	$k_{gro.H.anox.T_0}$	0.04	$K_{S.H.anox}$ $K_{NO3.H.anox}$ $K_{HPO4.H}$	0.12 0.13 0.05
6	缺氧条件下异养菌的内源呼吸过程	$f_{XS.H.anox}$	0.06	$k_{resp.H.anox.T_0}$	0.03	$K_{S.H.anox}$ $K_{NO3.H.anox}$	0.12 0.05
8	藻类呼吸-死亡过程	$f_{XS.ALG}$	0.23	$k_{gro.ALG.T_0}$ $k_{resp.ALG.T_0}$	0.78 0.32	$K_{NH4.ALG}$ $K_{HPO4.ALG}$ $K_{NO3.ALG}$ $K_{O2.ALG.aer}$ K_I	0.35 0.44 0.54 0.33 0.50
9	颗粒态有机物水解过程	$Y_{hydro.XS}$	0.34	$k_{hydro.XS.T_0}$	0.72	β_{XS}	0.02

注：化学平衡常数为定值，不参与敏感性分析。

（1）模型反应动力学系数的敏感性评级在所有参数中最高，远高于半饱和常数和产率系数。这与模型采用的基于 Monod 生长动力学表达方式和模型自身结构密切相关。

（2）异养菌的好氧生长过程、藻类呼吸-死亡过程和颗粒态有机物水解过程是该模型最重要的三个关键生态动力学过程，其参数敏感性最高。缺氧条件下反硝化过程和细菌的内源呼吸过程在整体上处于中等灵敏和不灵敏的水平。上述评级结果在一定程度上反映了现阶段高阳平湖的实际情况，故认为模型敏感性分析是有效的。

根据上述评级结果，着重对异养菌的好氧生长过程、藻类呼吸-死亡过程和颗粒态有机物水解过程的参数进行校验和率定，参数率定以模型整体模拟预测精度最小化为标准。模型的预测精度可以使用平均绝对百分比误差（mean absolute percent error，MAPE）计算，计算公式为

$$\mathrm{MAPE}=\frac{100}{n}\sum\left(\frac{|S_{\mathrm{obs}}-S_{\mathrm{pre}}|}{|S_{\mathrm{obs}}|}\right)$$

式中，n 为数据组数；S_{obs} 为参数实测值；S_{pre} 为参数的模型预测值。

从参数率定结果上分析，上述三个过程的反应动力学常数和产率系数均有一定升高，表明在高阳平湖实际水体中反应速率较理想条件下偏高（表 2-16）。参数率定前后，模型模拟结果同实测值相对误差显著下降，叶绿素 a 浓度的相对误差从原先的 35.9%下降为 24.5%。但水-气界面 CO_2 通量依然超过 30%，难以达到预期要求。在状态变量的全局模拟结果上，模型在参数率定后已总体达到精度控制在 30%以下的通用标准，故认为该模型在率定后可靠。因此，根据参数率定结果，以生源要素收支为核心的高阳平湖关键生态动力学过程参数值结果进行汇总，见表 2-17。

根据上述建模方案，利用 Excel 表格对一个完整周年高阳平湖水-气界面 CO_2 通量进行估测（图 2-30）。以高阳湖心采样点为例，筛选水-气界面 CO_2 通量和部分关键水质指标（叶绿素 a、NH_4^+、HPO_4^{2-}），模拟结果和实测数据相比较见表 2-16、图 2-31。根据模拟结果，换算后全年水-气界面 CO_2 释放通量为 80106.82gC/d。

对高阳平湖水体采用“零维 + 准稳态”概化的建模方案，可以实现对高阳平湖 C、N、P 周转变化的模拟。从各指标的模拟结果和实测结果来看，模拟结果和实测结果存在显著的正相关关系（$p\leqslant 0.05$），说明模型对高阳平湖各主要环境指标的全年变化过程描述与实测结果是一致的。但对不同指标的模拟能力依然存在较大的误差，模型各指标模拟平均误差为 35%，其中参数校验之前对水-气界面 CO_2 通量的模拟结果误差超过 40%，甚至有个别点位超过 80%。误差分布大体上有以下两个方面的特征。

（1）NH_4^+、HPO_4^{2-} 等营养盐和叶绿素 a 的模拟结果，在低浓度范围内误差较小，而在高浓度范围内误差较大。但上述三个指标并不容易区分整体上偏高还是偏低。

（2）水-气界面 CO_2 通量总体上，模拟值较实测值偏低，且在低值区间和高值区间内误差较大，而在中值区间内，模拟值较接近实测值，甚至获得了较低的误差（≤30%）。

尽管模拟结果与实测结果具有较好的正相关关系，但由于对实际情况进行了大量简化，模拟结果和实测结果依然存在较大偏差。研究认为，上述误差存在的原因包括以下几个方面。

表 2-16　参数率定前后模型实测结果和模拟结果比较

	叶绿素 a 浓度/(mg/m^3)			NH_4/(mg/L)			HPO_4/(mg/L)			水–气界面 CO_2 通量/(gC/d)		
时间	实测	率定前	率定后	实测	率定前	率定后	实测	率定前	率定后	实测	率定前	率定后
9 月 11 日	5.13	4.40	4.1	0.03	0.03	0.02	0.018	0.016	0.016	1853305.35	705472.04	1012415.01
10 月 11 日	4.41	3.44	3.78	0.04	0.03	0.04	0.016	0.012	0.013	1511182.50	441871.74	651272.35
11 月 11 日	2.63	0.92	1.53	0.43	0.15	0.22	0.049	0.017	0.02	3631063.48	624397.16	1234325.33
12 月 11 日	1.66	0.75	1.2	0.05	0.02	0.03	0.060	0.027	0.029	4191267.37	1075060.08	1823634.35
1 月 12 日	1.27	1.59	1.45	0.20	0.26	0.21	0.047	0.058	0.053	3379871.49	2408158.44	2503343.02
2 月 12 日	3.28	1.87	2.12	0.20	0.11	0.15	0.007	0.004	0.004	598677.63	194510.36	215235.11
3 月 12 日	45.18	58.74	56.3	0.12	0.15	0.15	0.064	0.083	0.08	–3039393.86	–3852190.85	–3335343.87
4 月 12 日	1.70	0.95	1.23	0.47	0.26	0.27	0.001	0.001	0.001	797545.78	254576.61	267356.64
5 月 12 日	48.49	67.40	53.55	0.40	0.56	0.49	0.025	0.034	0.032	–844556.02	–869141.73	–869342.73
6 月 12 日	19.70	8.87	11.2	0.37	0.17	0.17	0.027	0.012	0.013	221119.55	56717.16	176332.65
7 月 12 日	36.13	41.30	38.9	0.14	0.16	0.15	0.040	0.046	0.045	–949048.99	–918237.63	–908735.63
8 月 12 日	11.69	14.50	15.2	0.08	0.10	0.1	0.008	0.010	0.009	–792178.14	–859911.51	–868334.12
平均误差	—	35.9%	24.7%	—	35.7%	27.4%	—	32.0%	27.1%	—	47.5%	35.7%

注：水–气界面实测值为 TBL 模型估算法获得的现场实测值。实测值测试点位于高阳平湖湖心。

表 2-17　高阳平湖关键生态动力学过程参数阈值

	描述的生态动力学过程	参数 1：产率系数	参数值	参数 2：20℃反应动力学参数	参数值	参数 3：生化过程的半饱和常数或反应系数	参数值
1	异养菌的好氧生长过程（氨化过程）	$Y_{gro.H.aer}$	0.55	$k_{gro.H.aer.T_0}$	2.0	$K_{S.H.aer}$ $K_{O2.H.aer}$ $K_{HPO4.H}$	2.0 0.2 0.02
2	好氧条件下异养菌的内源呼吸过程	$f_{XS.H.aer}$	0.22	$k_{resp.H.aer.T_0}$	0.2	$K_{O2.H.aer}$	0.2
3	好氧条件下自养菌的硝化过程	$Y_{nitro.N.aer}$	0.01	$k_{gro.N.aer.T_0}$	1.0	$K_{S.H.aer}$ $K_{O2.H.aer}$ $K_{HPO4.H}$	2.0 0.2 0.02
4	好氧条件下自养菌的内源呼吸过程	$f_{XS.N.aer}$	0.22	$k_{resp.N.aer.T_0}$	0.05	$K_{O2.H.aer}$	0.2
5	缺氧条件下异养菌的反硝化过程	$Y_{gro.H.anox}$	0.09	$k_{gro.H.anox.T_0}$	1.6	$K_{S.H.anox}$ $K_{NO3.H.anox}$ $K_{HPO4.H}$	2.0 0.5 0.1
6	缺氧条件下异养菌的内源呼吸过程	$f_{XS.H.anox}$	0.22	$k_{resp.H.anox.T_0}$	0.1	$K_{S.H.anox}$ $K_{NO3.H.anox}$	2.0 0.5
8	藻类呼吸-死亡过程	$f_{XS.ALG}$	0.84	$k_{gro.ALG.T_0}$ $k_{resp.ALG.T_0}$	2.0	$K_{NH4.ALG}$ $K_{HPO4.ALG}$ $K_{NO3.ALG}$ $K_{O2.ALG.aer}$ K_I	0.1 0.02 0.1 0.04 500
9	颗粒态有机物水解过程	$Y_{hydro.XS}$	1.00	$k_{hydro.XS.T_0}$	0.2	β_{XS}	0.07

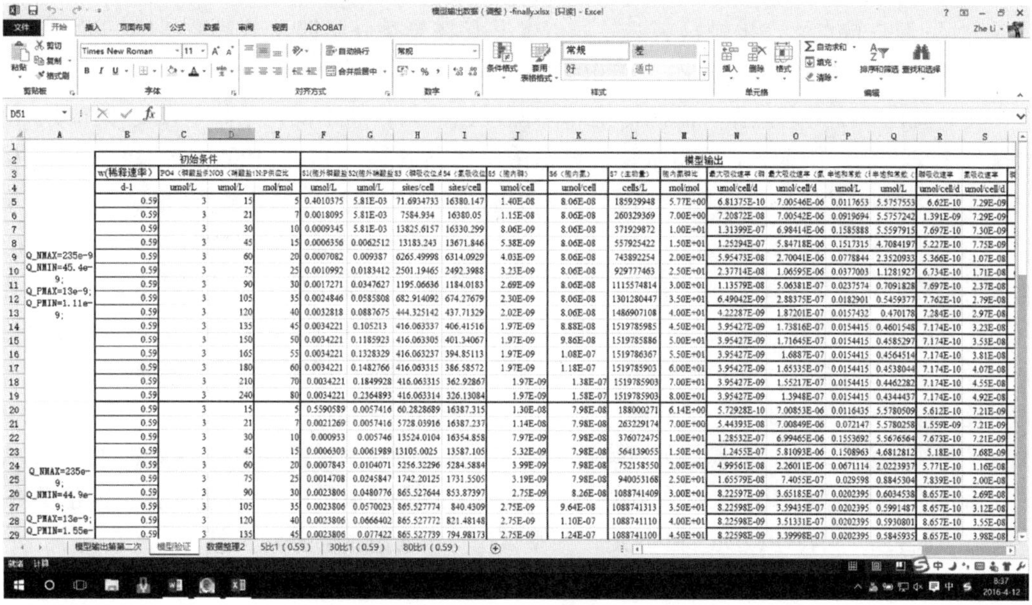

	A	B	C	D	E	F	G	H	I	J	K	L	M	N	O	P	Q	R	S
2		初始条件				模型输出													
3		w(稀释速率)	PO4（磷酸盐浓	NO3（硝酸盐	N:P供应比	S1(胞外磷酸盐	S2(胞外硝酸盐	S3（磷吸收位点	S4（氮吸收位	S5（胞内磷）	S6（胞内氮）	S7（生物量）	胞内氮磷比	最大吸收速率（磷	最大吸收速率（氮	半饱和常数（	半饱和常数（	磷吸收速率	氮吸收速率
4		d-1	umol/L	umol/L	mol/mol	umol/L	umol/L	sites/cell	sites/cell	umol/cell	umol/cell	cells/L	mol/mol	umol/cell/d	umol/cell/d	umol/L	umol/L	umol/cell/d	umol/cell/d
5		0.59	3	15	5	0.4010375	5.81E-03	71.6934733	16380.147	1.40E-08	8.06E-08	185929948	5.77E+00	6.81375E-10	7.00546E-06	0.0117653	5.5757553	6.62E-10	7.29E-09
6		0.59	3	21	7	0.0018095	5.81E-03	7584.934	16380.05	1.15E-08	8.06E-08	260329369	7.00E+00	7.20872E-08	7.00542E-06	0.0919694	5.5757242	1.391E-09	7.29E-09
7		0.59	3	30	10	0.0009345	5.81E-03	13825.6157	16330.299	8.06E-09	8.06E-08	371929872	1.00E+01	1.31399E-07	6.98414E-06	0.1585888	5.5597915	7.697E-10	7.30E-09
8		0.59	3	45	15	0.0006356	0.0062512	13183.243	13671.846	5.38E-09	8.06E-08	557925422	1.50E+01	1.25294E-07	5.84718E-06	0.1517315	4.7084197	5.227E-10	7.75E-09
9	Q_NMAX=235e-9	0.59	3	60	20	0.0007082	0.009387	6265.49998	6314.0929	4.03E-09	8.06E-08	743892254	2.00E+01	5.95473E-08	2.70041E-06	0.0778844	2.3520933	5.366E-10	1.07E-08
10	Q_NMIN=45.4e-9;	0.59	3	75	25	0.0010992	0.0183412	2501.19465	2492.3988	3.23E-09	8.06E-08	929777463	2.50E+01	2.37714E-08	1.06595E-06	0.0377003	1.1281927	6.734E-10	1.71E-08
11	Q_PMAX=13e-9;	0.59	3	90	30	0.0017271	0.0347627	1195.06636	1184.0183	2.69E-09	8.06E-08	1115574814	3.00E+01	1.13579E-08	5.06381E-07	0.0237574	0.7091828	7.697E-10	2.37E-08
12	Q_PMIN=1.11e-9;	0.59	3	105	35	0.0024846	0.0585808	682.914092	674.27679	2.30E-09	8.06E-08	1301280447	3.50E+01	6.49042E-09	2.88375E-07	0.0182901	0.5459377	7.762E-10	2.79E-08
13		0.59	3	120	40	0.0032818	0.0887675	444.325142	437.71329	2.02E-09	8.06E-08	1486907108	4.00E+01	4.22287E-09	1.87201E-07	0.0157432	0.470178	7.284E-10	2.97E-08
14		0.59	3	135	45	0.0034221	0.105213	416.063337	406.41516	1.97E-09	8.88E-08	1519785985	4.50E+01	3.95427E-09	1.73816E-07	0.0154415	0.4601548	7.174E-10	3.23E-08
15		0.59	3	150	50	0.0034221	0.1185923	416.063305	401.34067	1.97E-09	9.86E-08	1519785886	5.00E+01	3.95427E-09	1.71645E-07	0.0154415	0.4585297	7.174E-10	3.53E-08
16		0.59	3	165	55	0.0034221	0.1328329	416.063237	394.85113	1.97E-09	1.08E-07	1519786367	5.50E+01	3.95427E-09	1.6887E-07	0.0154415	0.4564514	7.174E-10	3.81E-08
17		0.59	3	180	60	0.0034221	0.1482766	416.063315	386.58572	1.97E-09	1.18E-07	1519785903	6.00E+01	3.95427E-09	1.65335E-07	0.0154415	0.4538044	7.174E-10	4.07E-08
18		0.59	3	210	70	0.0034221	0.1849928	416.063315	362.92867	1.97E-09	1.38E-07	1519785903	7.00E+01	3.95427E-09	1.55217E-07	0.0154415	0.4462282	7.174E-10	4.55E-08
19		0.59	3	240	80	0.0034221	0.2364893	416.063314	326.13084	1.97E-09	1.58E-07	1519785903	8.00E+01	3.95427E-09	1.3948E-07	0.0154415	0.4344437	7.174E-10	4.92E-08
20		0.59	3	15	5	0.5590589	0.0057416	60.2828689	16387.315	1.30E-08	7.98E-08	188000271	6.14E+00	5.72928E-10	7.00853E-06	0.0116435	5.5780509	5.612E-10	7.21E-09
21		0.59	3	21	7	0.0021269	0.0057416	5728.03916	16387.237	1.14E-08	7.98E-08	263229174	7.00E+00	5.44393E-08	7.00849E-06	0.072147	5.5780258	1.559E-09	7.21E-09
22		0.59	3	30	10	0.000933	0.005746	13524.0104	16354.858	7.97E-09	7.98E-08	376072475	1.00E+01	1.28532E-07	6.99465E-06	0.1553692	5.5676564	7.673E-10	7.21E-09
23		0.59	3	45	15	0.0006303	0.0061989	13105.0025	13587.105	5.32E-09	7.98E-08	564139055	1.50E+01	1.2455E-07	5.81093E-06	0.1508963	4.6812812	5.18E-10	7.68E-09
24	Q_NMAX=235e-9;	0.59	3	60	20	0.0007843	0.0104071	5256.32296	5284.5884	3.99E-09	7.98E-08	752158550	2.00E+01	4.99561E-08	2.26011E-06	0.0671114	2.0223937	5.771E-10	1.16E-08
25		0.59	3	75	25	0.0014708	0.0245847	1742.20125	1731.5505	3.19E-09	7.98E-08	940053168	2.50E+01	1.65579E-08	7.4055E-07	0.029598	0.8845304	7.839E-10	2.00E-08
26	Q_NMIN=44.9e-9;	0.59	3	90	30	0.0023806	0.0480776	865.527644	853.87397	2.75E-09	8.26E-08	1088741409	3.00E+01	8.22597E-09	3.65185E-07	0.0202395	0.6034538	8.657E-10	2.69E-08
27		0.59	3	105	35	0.0023806	0.0570023	865.527774	840.4309	2.75E-09	9.64E-08	1088741313	3.50E+01	8.22598E-09	3.59435E-07	0.0202395	0.5991487	8.657E-10	3.12E-08
28	Q_PMAX=13e-9;	0.59	3	120	40	0.0023806	0.0666402	865.527772	821.48148	2.75E-09	1.10E-07	1088741110	4.00E+01	8.22598E-09	3.51331E-07	0.0202395	0.5930801	8.657E-10	3.55E-08
29	Q_PMIN=1.55e-	0.59	3	135	45	0.0023806	0.077422	865.527739	794.98173	2.75E-09	1.24E-07	1088741100	4.50E+01	8.22598E-09	3.39998E-07	0.0202395	0.5845935	8.657E-10	3.98E-08

模型输出输第二次　模型验证　数据整理2　5比1（0.59）　30比1（0.59）　80比1（0.59）

图 2-30　基于 Excel 的模型计算表格

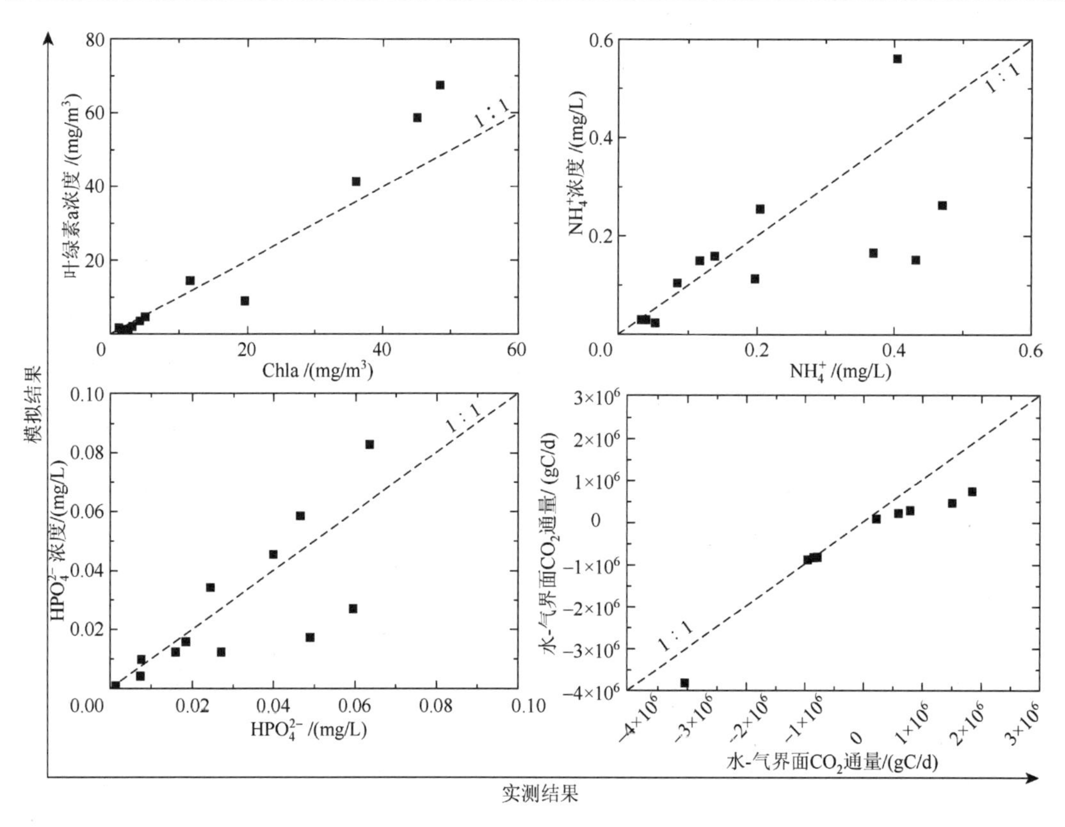

图 2-31 主要状态变量模拟结果（参数调整前）和实测结果比较

（1）模型针对高阳平湖“小水体”的特点，采用了“零维 + 准稳态”的概化思路，尽管空间边界采用了精度较高的 1∶2000 的水下地形图，但上述概化使得物理背景（如水体的分层-混合特点）产生较显著的差异，尤其是在夏季分层期，高阳平湖处于不完全混合状态，采用“零维”概化思路，同实际情况有显著差异。

（2）概化中不考虑点源、面源污染和陆源侵蚀输入依然不妥，尤其是在夏季汛期，降水挟带大量面源污染输入，使得水体营养盐浓度明显偏高，并诱导出现了水华等现象。模型模拟结果中 NH_4^+、HPO_4^{2-} 等营养盐在高值区间内同实测结果偏差较大。

（3）水-气界面 CO_2 通量在中值区间具有较低的模拟误差，而在高值区间和低值区间，模拟误差较大，是可解释的。低值区间往往为负值，即当水体出现大量藻类生长时，光合作用消耗大量碱度，使得呈现大气 CO_2 向水体扩散的格局。基于此，当藻类生态过程模拟精度欠佳时，尤其是在藻类大量增殖期间，水-气界面 CO_2 通量的模型模拟能力受到了模型对藻类生长模拟精度的影响。高值区间模拟误差较大则为高阳平湖水-气界面 CO_2 通量在冬季高水位时期，一方面，水域面积增加可能导致局部气象条件对水-气界面 CO_2 通量的影响远大于水体内的理化指标变化（计算单元本身也是有一定误差的）；另一方面，蓄水后消落带受淹、降解将带入大量的 N、P、DIC 和 DOC，模型试用中未考虑本部分的贡献。

（4）底泥对水体中 CH_4、CO_2 的影响不可忽略，尤其是底泥中产生的大量 CH_4 在水柱迁移过程中可能被氧化成 CO_2。但限于目前的工作深度，该部分研究工作仍未开展，也导

致了该部分产生的 CO_2 未能考虑在模型模拟中，这是导致总通量模拟结果偏低的重要原因之一。

2.4.4 典型库湾不同水库运行条件下 C、N、P 收支平衡关系推演

借助于 2.4.2 节构建的生态动力学模型，通过模型在不同水库运行期的推演，分析水华期间、非水华期间，表层水体 C、N、P 的收支与平衡通量关系，揭示不同水库运行状态下水华过程对高阳平湖 C 平衡的影响。分析成果将支撑后续对 CO_2 变化与水生态安全状态耦合关系的分析。

模型概化、方程、参数矩阵、模型时空边界等均参考 2.4.2 节描述。本节将模型运行集中在高水位（11 月至次年 2 月）、泄水期（3～5 月），并着重针对高水位时期的藻类水华过程（2 月）和泄水期的水华过程（4～5 月）为对象，分别计算高水位时期水华期间（水华阶段）和非水华期间（稳定阶段）、泄水期水华期间（水华阶段）和非水华期间（无水华阶段）高阳平湖表层水体中藻类、碎屑、无机营养物等的迁移转化通量平衡关系，分析典型支流表层水体水华现象导致的 C 平衡改变，及其所诱导的 N、P 生源要素迁移转化特征。

2.4.4.1 高水位时期

根据三峡水库调度运行规程，汛末水库蓄水后，消落带受淹，底质营养物溶出释放进入水体。伴随水库库容显著增加，支流回水区出现显著的营养物积累现象。由于高水位期间为冬季低温期，故藻类生长通常受到约束。但三峡库区在冬季末期通常易出现 2～3 周的回暖气候，成为冬季末期水华现象的诱发因素。硅藻（美丽星杆藻、小环藻等）易形成水华。

在冬季蓄水初期，消落带和永久淹没区土壤 C、N、P 释放动力学过程是一个由快转慢的过程，即在蓄水初期具有较大释放速率而到了蓄水中后期释放速率逐渐减缓，C、N、P 释放量逐渐达到最大值，动力学趋向于平衡。因此，在蓄水中后期，TP 累积速率和消落带水-土界面 P 交换速率开始下降；永久淹没区随着淹没时间增长，水-土界面交换速率在此期间呈现下降趋势；在整个蓄水期，随着水位逐渐逼近最高水位，径流量逐渐减少和水位壅升的交替作用使得此时高阳平湖流速逐渐减缓，水体滞留时间延长，加之降水量的明显减少，水体中悬浮颗粒物逐渐下降，因而在整个蓄水期 C、N、P 沉降速率逐渐增大。

因此，冬季末期所形成的水华，同水文水动力条件关联性不大，但同消落带 C、N、P 溶出释放、藻类对营养物的吸收速率等密切相关。

在整个冬季高水位期间（11 月至次年 2 月），消落带溶出释放是高阳平湖水体中 C、N、P 的重要来源，溶出释放 C 通量约为 $821.7\times10^{-3}g/(d\cdot m^3)$，进入水中无机碳库。在水中无机碳库的各来源（上游进水、溶出释放、碎屑碳降解、永久淹没区溶出等）中，消落带溶出 C 约占 64%。稳定阶段和水华阶段，消落带溶出的 C，对无机碳库的贡献依然显

著。在整个高水位阶段，藻类碳库呈现缓慢增长的趋势［$3.942\times10^{-3}g/(d\cdot m^3)$］。在稳定阶段，藻类增殖显著［藻类碳库 $21.601\times10^{-3}g/(d\cdot m^3)$］，而在水华阶段，尽管藻类摄 P 速率没有显著下降，但随着增殖藻类在水华末期的大量死亡，藻类碳库呈现下降的趋势［$-30.428\times10^{-3}g/(d\cdot m^3)$］。水华阶段藻类和碎屑的沉降通量也显著高于稳定阶段。这说明，高水位时期水华形成的主要机制是在相对稳定状态下硅藻生长而形成的长期生物量累积，累积在冬季末期形成水华的“顶极”状态后以残体（藻类和碎屑）沉降和分解的方式在水体中矿化并实现内循环。支撑上述推断的另外两个证据是：①高水位时期为全年枯水期，稳定阶段和水华阶段的进出水并未呈现显著的变化；②水华阶段无机碳库有所下降，但从碎屑碳分解至无机碳的通量显著升高（图 2-32）。

2.4.4.2 泄水期

根据三峡水库调度运行规程，泄水期为 3～5 月。该时期，随着气温逐渐回暖，藻类逐渐进入生长季节。随着初春降水的形成，径流量逐渐升高，也导致流域面源污染负荷逐渐升高，伴随降水径流带入高阳平湖的外源性有机质、营养物等显著升高，并且受水库水位消落的影响，库容逐渐减少，水体滞留时间显著下降。无机碳库的主要来源已经从高水位时期的消落带，转变成上游来水，且数量上也显著高于冬季高水位时期。

气温回暖导致藻类显著生长，藻类对 C 的摄取通量［$187.2\times10^{-3}g/(d\cdot m^3)$］显著高于高水位时期，特别是在泄水期的水华阶段，藻类对 C 的摄取通量高达 $223.2\times10^{-3}g/(d\cdot m^3)$，远高于无水华阶段的 $68.93\times10^{-3}g/(d\cdot m^3)$。与此同时，消落带溶出释放通量对无机碳库的贡献显著下降，无机碳库主要受上游来水与面源污染负荷的影响。随着径流量的升高，碎屑库也显著高于高水位时期，这也促进了分解矿化过程通量的增加。水华阶段和非水华阶段，藻类死亡速率基本相同，但水华阶段的藻类对 C、N、P 的摄取通量显著升高（图 2-33）。

因此，在水华形成机制上，可以看出短时间内藻类迅速增殖（导致藻类摄取速率显著升高）是诱导泄水期藻类水华形成的关键。尽管同期水体内循环通量显著高于同期因径流量显著升高，故水华末期藻类残体（以碎屑碳的形式）将随径流过程向下游输入（图 2-33）。

从上述高水位时期、泄水期水华阶段和非水华阶段 C、N、P 通量收支的比较分析，可得出以下初步结论。

（1）尽管全年高阳平湖 C 的主要来源是上游输入的无机碳，且全年呈现 C 积累的现象，对异源性有机碳降解而呈现出“异养型系统”的总体特点，但水–气界面在年内依然呈现源汇变化的格局，表明高阳平湖表层水体呈现活跃的 C 循环特点，藻类生长吸收与细菌降解协同是调节表层水体 C 循环的重要过程。

（2）表层水体的 C 循环受藻类生长影响明显。高水位运行时期，藻类生长与生物量持续积累是诱导冬季末期出现水华的关键；而春末夏初在泄水期出现的水华现象主要是短时间内藻类增殖所致。

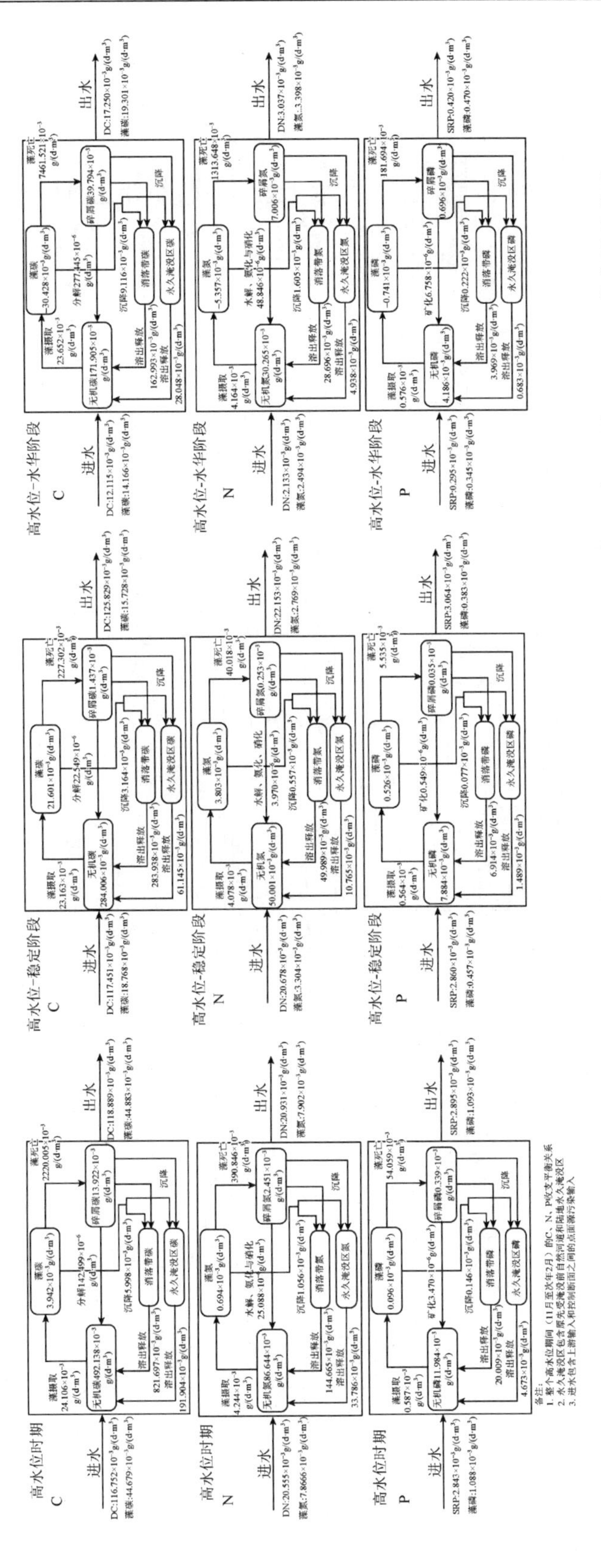

图 2-32 整个高水位时期（11 月至次年 2 月）及高水位不同阶段（水华阶段、稳定阶段）高阳平湖 C、N、P 收支通量关系

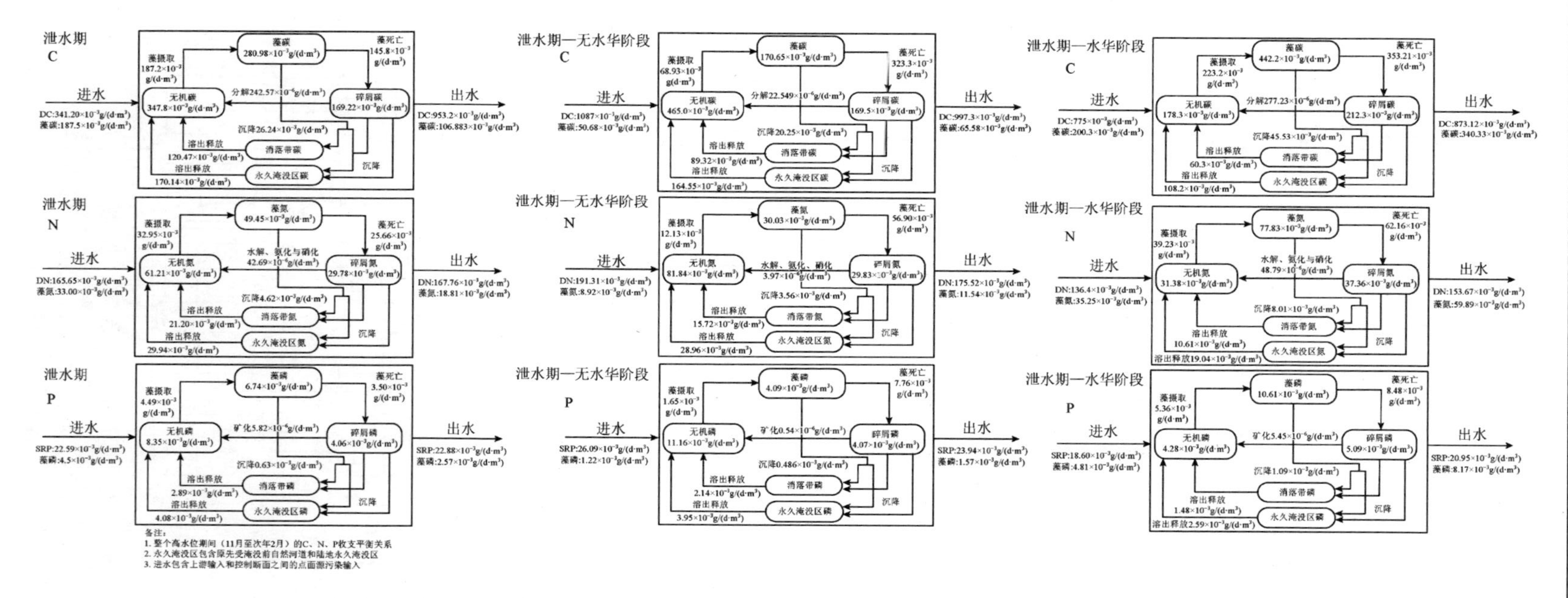

图 2-33 整个泄水期（3～5 月）及泄水期不同阶段（无水华阶段、水华阶段）高阳平湖 C、N、P 收支通量关系

3　长江三峡工程生态与环境监测系统现状、问题与需求

3.1　长江三峡工程生态与环境监测系统运行概况

为了对三峡水库建库前后的库区、长江中下游及河口地区的生态与环境实施跟踪监测，国务院三峡工程建设委员会办公室（简称国务院三峡办，现为水利部三峡工程管理司），在1996年组织环保、水利、农业、林业、气象、卫生、地质、地震、交通、中国科学院、中国长江三峡工程开发总公司（简称三峡集团，现为中国长江三峡集团有限公司）及湖北省和重庆市人民政府等有关部门和单位共同建设了跨地区、跨部门、跨学科的“长江三峡工程生态与环境监测系统”（组织体系结构见图3-1）[69, 70]。经过后期的建设和长期的监测系统效能评估，长江三峡工程生态与环境监测系统至今有10个监测系统，含23个监测类别、46项监测科目、28个监测重点站及其下属约150个监测基层站点。同时，为了适应三峡水库建设期工程管理和移民管理的需求，国务院三峡办建设了移民综合统计信息系统，三峡集团建设了三峡水利枢纽安全监测系统，水利部长江水利委员会和三峡集团建设了水库库容及岸线监测系统，中国地质环境监测院三峡库区地质灾害监测中心（原国土资源部三峡库区地质灾害防治工作指挥部）建设了地质灾害与地震监测系统，国务院三峡办、重庆市及湖北省移民局建设了高切坡监测系统。

现有的监测系统经过十几年的建设和运行，初步形成了适应建设期需求的复合监测体系。长江三峡工程生态与环境监测系统对三峡工程可能引起的生态与环境问题进行了跟踪监测，监测内容涵盖水文水质、污染源、水生生物、陆生动植物、局地气候、人群健康、水库诱发地震、地质滑坡、泥沙淤积与冲刷、农业生态环境、河口生态环境等诸多专业、诸多方面，积累了大量重要数据。移民综合统计信息系统、水利枢纽安全监测系统和水库库容及岸线监测系统向三峡水库运行管理单位与行业主管部门提供了监测资料，为建设期的移民安置、枢纽安全和库容保护提供了信息支撑。

2002年后，长江三峡工程生态与环境监测系统通过监测数据收集与整编、数据复核、缺漏数据补充等多种手段，将可能遗失、散落的数据统一收集起来，集成存储了三峡水库蓄水前不可重现的生态环境本底数据及蓄水后动态监测数据。其现已存储了1996年至今的监测数据，基础地理与遥感监测数据，以及相当数量的公共数据。

3.1.1　水利枢纽安全监测系统现状

水利枢纽安全监测系统主要是监控枢纽工程的工作状态，确保枢纽工程安全建设和运行。在三峡工程施工期主要完成监测传感器和监测设施（如垂线、引张线）的埋设安装，

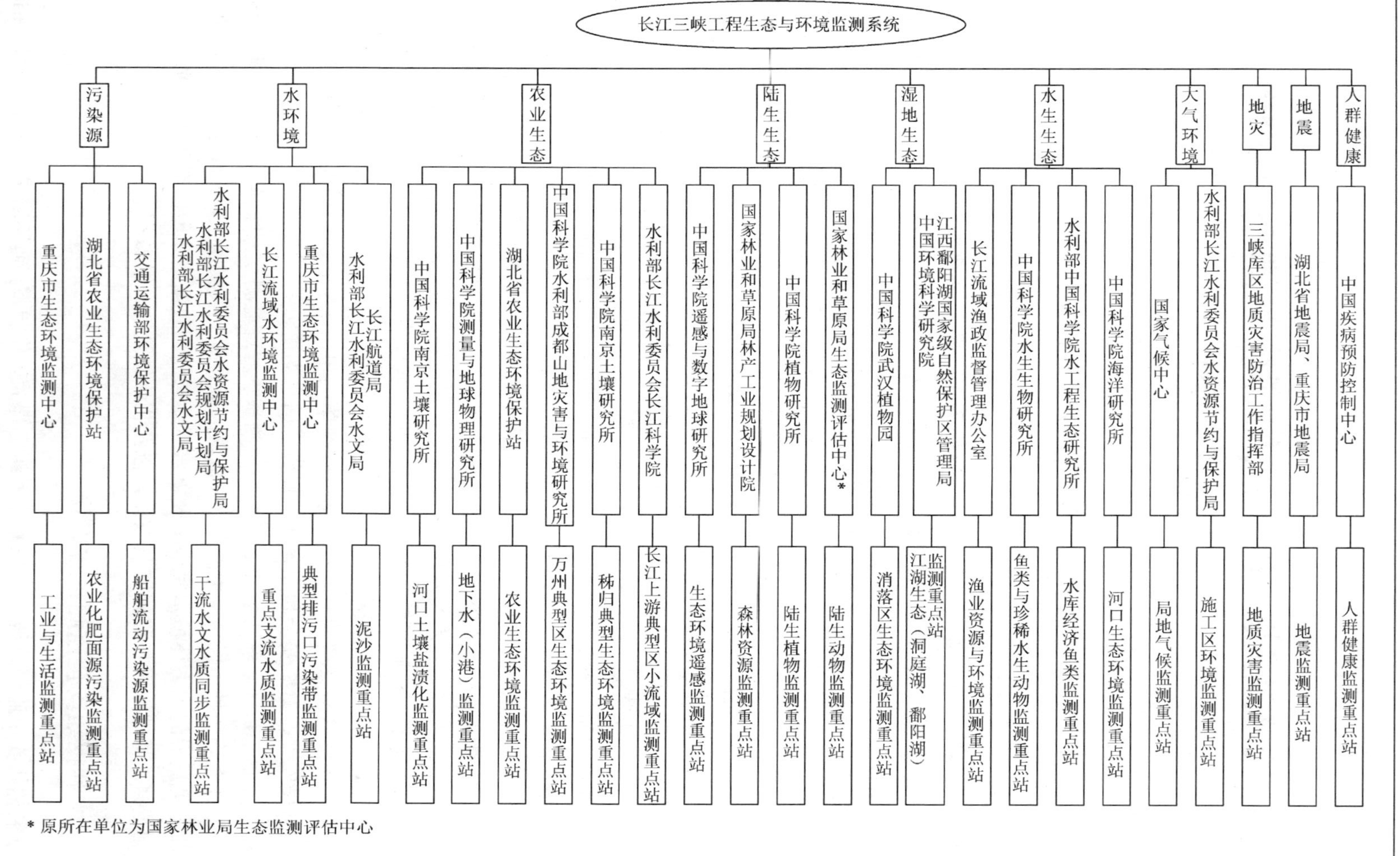

* 原所在单位为国家林业局生态监测评估中心

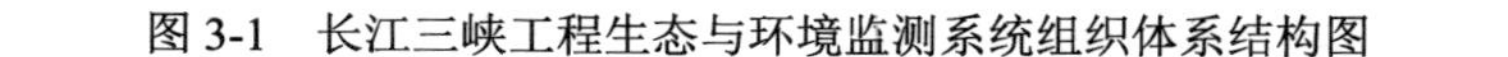
图 3-1 长江三峡工程生态与环境监测系统组织体系结构图

满足三峡工程施工期的监测需要。其监测范围涵盖各永久建筑物，包括挡水一线建筑物、茅坪溪防护坝、三峡船闸、左右岸电站厂房、右岸地下电站、升船机船厢段及下闸首；监测内容包括变形监测、渗流监测、应力应变及温度监测、建筑物地震反应监测、水力学监测等。

3.1.2 水库库容及岸线监测系统现状

三峡水库前期开展了三峡入库水沙条件、水库泥沙淤积、引航道泥沙淤积、变动回水区走沙规律、坝下游水文情势变化、河床冲淤与河势演变 6 个方面的监测工作。1993 年以来，水利部长江水利委员会开展了三峡工程水文泥沙和河道地形观测工作，观测内容主要包括坝址及其上下游河段水文泥沙、河道地形（含固定断面）等基本资料观测和重点河段河道演变观测等，观测范围包括三峡库区、坝区和坝下游宜昌至湖口河段三大部分。经过长期的观测，目前该系统已积累了三峡水库及下游河道逾 60 亿条水文泥沙观测数据和 20 000 余幅各种比例尺的河道地形图。

此外，为满足三峡后续工作规划编制的要求，2009 年国务院三峡办委托长江勘测规划设计研究院获取了覆盖库区生态屏障区的高分辨率遥感影像，并开展了地形测量和土地利用遥感解译工作，长江中下游河道岸线尚未开展系统的监测工作。

3.1.3 地质灾害与地震监测系统现状

地质灾害与地震监测系统由地质灾害监测和地震监测两个分系统组成。地质灾害监测系统包括高切坡监测和滑坡、崩塌、危岩体与塌岸的监测预警系统，现有监测范围为三峡库区涉水区和移民安置区。地震监测系统监测范围包括整个库区及可能产生潜在中强水库地震危险的重点区段（仙女山断裂、九畹溪断裂、高桥断裂所通过的库段）和目前地表构造不明、地震活动成因有疑问的地区（巴东库段、香溪—贾家店地区、丰都地区等）。

高切坡监测系统自 2009 年建成开始投入运行，建立了湖北省、重庆市高切坡监测 2 个总站和 13 个县（区）监测站，对三峡库区 2874 处高切坡全部实施了群测群防监测。对其中的 702 处实施专业监测（其中 150 处为重点监测，552 处为辐射监测），共布设专业监测测点 2602 个，其中基准点 600 个，监测点 2002 个。专业监测输出指标主要包括：①地表位移，监测方法为 GPS 和全站仪；②深部位移，监测方法为钻孔倾斜仪和钻孔多点位移计；③应变监测，监测方法为分布式光纤、锚杆应变计；④声发射监测，监测方法为声发射仪；⑤地下水监测，监测方法为水位计。群测群防输出指标为裂缝尺寸，包括裂缝宽度、走向、下错高度等，监测方法为人工测量。

目前，三峡库区高切坡监测系统运行情况总体良好。各县（区）完成了各年度的专业监测和群测群防监测任务，建立健全了群测群防监测的规章制度，各高切坡群测群防监测责任落实到监测人员个人，并且对全部监测人员进行了群测群防技能培训，做到了《三峡库区高切坡群测群防监测技术指南》人手一册。

目前，湖北省、重庆市库区高切坡监测总站和县（区）监测站监测预警信息系统运行正常。其工程流程为各县（区）将基础数据、专业监测数据、群测群防监测数据录入并上传至高切坡监测总站，并由高切坡监测总站上传至国家管理部门，形成了中央、市、县(区)三级的监测预警管理体系，使各级移民主管部门能够及时了解、掌握高切坡监测的现状及动态。

三峡库区高切坡监测系统运行以来，各县（区）对发现的高切坡险情进行了及时预警预报，并迅速采取相应的应急处理措施。截至 2013 年，三峡库区高切坡监测系统共对 114 处高切坡进行了预警。其中，专业监测预警 83 处，群测群防监测预警 31 处。各县（区）对 114 处高切坡实施了整修，有效保障了高切坡影响范围内人民的生命财产安全。

重庆市直辖后，尤其是三峡水库蓄水后，在国务院三峡办、中国地震局和重庆市人民政府的关心、支持下，三峡库区重庆段的地震监测工作取得了长足的进步。尤其通过“十五”“十一五”期间一批科研与工程项目的实施，在三峡库区重庆段建成了 22 个测震台，15 个 GPS 基准站，18 个地震前兆观测台站（含地形变、地下流体、钻孔应变、地磁、地电场、低频电磁扰动等观测项目），16 个县（区）地震信息节点，1 个地震监测总站，使三峡库区重庆段地震监测系统初具规模。

初步建成的三峡库区重庆段地震监测系统，为库区重庆段及相邻地区的地震监测预报和科学研究打下了坚实的基础，在汶川地震及其余震的监测中发挥了重要作用。目前，三峡库区重庆段地震监测系统的监测能力达到 ML≥1.6 级。同时通过资料的积累和研究，对三峡库区重庆段及邻近区域的地震活动特征取得了一些初步的认识，并在多次显著有感地震发生后，及时对地震趋势做出了较明确的、符合实际的判断，为政府采取应急对策措施提供了科学依据，对稳定社会生活、保障社会经济的正常运行起到了积极的作用。

3.1.4 移民安稳监测系统现状

在三峡工程建设期间，长江工程监理咨询有限公司承担了三峡移民工程综合监理工作任务，在三峡库区设置了 13 个站点。在开展综合监理工作的同时，该公司还依托综合监理站点开展了三峡库区移民生产生活监测评价，通过在三峡库区各县（区）选择 2%～5%的移民样本户进行长期跟踪监测，了解三峡库区移民的生产生活水平动态变化情况，主要以移民样本户的记账和调查问卷的形式进行人工采集数据，并通过计算机对数据进行汇总分析，形成监测评价报告。

移民安稳监测系统的监测指标主要包括移民样本户的家庭人口特征及安置情况，移民样本户的生产性固定资产拥有量及生产性投入情况，移民样本户的收入及消费情况，移民样本户的劳动力结构特征、技能掌握及从业结构情况，移民样本户的安置质量评价等相关指标。

3.1.5 水环境监测系统现状

现有水环境监测系统基本情况见表 3-1。水环境监测系统包括水文水质监测、库区富营养化监测、污染源监测、饮用水水源地水质安全监测、分区入库污染物总量监测。

表 3-1 水环境监测系统的重点站及相关的承担单位

序号	重点站	监测内容	承担单位	主管部门
1	工业与生活监测重点站	工业与生活污染源	重庆市生态环境监测中心	重庆市生态环境局
2	农业化肥面源污染监测重点站	农业化肥与畜禽污染	湖北省农业生态环境保护站	湖北省农业农村厅
3	船舶流动污染源监测重点站	船舶污染	交通运输部环境保护中心	交通运输部水运局
4	干流水文水质同步监测重点站	水文水质同步监测	水利部长江水利委员会水文局 水利部长江水利委员会规划计划局 水利部长江水利委员会水资源节约与保护局	水利部长江水利委员会
5	重点支流水质监测重点站	支流水质	长江流域水环境监测中心	水利部长江水利委员会
6	典型排污口污染带监测重点站	污染带	重庆市生态环境监测中心	重庆市生态环境局
7	农业生态环境监测重点站	农业生态	湖北省农业生态环境保护站	湖北省农业农村厅
8	万州典型区生态环境监测重点站	径流场、小流域、移民调查、新垦土地生产力	中国科学院水利部成都山地灾害与环境研究所	中国科学院
9	秭归典型生态环境监测重点站	径流场、小流域、移民调查、新垦土地生产力	中国科学院南京土壤研究所	中国科学院
10	长江上游典型区小流域监测重点站	径流场、小流域、土壤侵蚀	水利部长江水利委员会长江科学院	水利部长江水利委员会

3.1.5.1 水文水质监测

三峡库区水文水质监测由干流水文水质同步监测、典型排污口污染带监测、万州典型区生态环境监测和长江上游典型区小流域监测组成。其中，干流水文水质同步监测主要对三峡库区及长江中下游直至河口在内可能受三峡工程影响的水域的16个断面开展了水文、水质、底质监测，并对寸滩、清溪场、沱口、官渡口、南津关 5 个干流断面，以及嘉陵江临江门、乌江武隆、御临河口、小江河口、大宁河口、香溪河口 6 个支流断面，共计 11 个断面增加了水生生物监测。其中水文、水质监测是每月 1 次，底质监测每年 2 次，水生生物监测每年 4 次。每年提供水质月报 12 份（每月 1 份，包括各断面的水文数据与水质数据）、底质监测报告 1 份（包括 16 个断面的丰水期、枯水期的底质数据）、水生生物监测报告 4 份（仅 11 个断面有水生生物监测，每季度 1 份），及时、准确、全面地反映三峡工程影响范围内的水环境质量现状和发展趋势，从而进一步加强三峡工程生态与环境保护，为减免不利影响提供科学依据。同时，对确保三峡库区生态环境建设的科学规划与合理布局，以及重点防治工程效益的发挥，都具有重要的现实意义和科学价值。典型排污口污染带监测对典型城市江段及城市污水口岸边污染带同步监测水文和水质，分析蓄水前后污染带分布特性，了解污染物的稀释扩散规律、浓度场的分布及污染带大小；了解污染负荷、水流状况与背景浓度等之间的关系。通过典型排污口污染带监测，一方面可以标定水质模型参数，验证水质模型模拟的精确程度，同时还能从中总结出类比其他排污口污染带的计算模型，以此估算出整个水域污染带的情况。

3.1.5.2 库区富营养化监测

库区富营养化监测在香溪河、神农溪、大宁河、朱衣河、小江、汉丰湖、苎溪河、汝溪河、御临河和龙河 10 条支流开展监测工作，共设置 71 个监测断面。其中，各支流回水区是重点监测水域，设置若干监测断面和至少一个重点监测断面；支流毗邻长江干流水域设置对照断面；支流上游 175m 水线以上设置控制断面。监测要素包括水文水动力、水质水化学和水生态三个方面的 22 个指标，具体为水位（水深）、流量（选测）、断面平均流速、泥沙浓度（浊度）、水温、电导率、pH、透明度、水下光照、溶解氧、碱度（总碱度、重碳酸盐、碳酸盐）、高锰酸盐指数、TP、可溶性磷、TN、NO_3^-、NH_4^+、叶绿素 a 及浮游植物种类、细胞密度。库区富营养化监测主要针对三峡水库生态环境问题开展长期的调查监测，积累有价值的科研数据，建立三峡库区支流水环境数据库，为库区支流富营养化和水华预警预报提供基础数据，为三峡库区的水质保护规划和水环境目标管理、水库的蓄水调度等决策提供科学依据。

3.1.5.3 污染源监测

污染源监测由点源污染（工业与生活）监测、船舶流动污染源监测、水土流失和农业面源污染监测三个部分组成。

点源污染（工业与生活）监测主要开展了直排库区的城市生活污染源、工业污染源、规模化畜禽养殖污染源、水产投饵养殖污染源的调查工作，对市政污水排放口、污水处理厂尾水排放口等典型生活污染源进行 48h 连续监测，对垃圾填埋场渗漏液、水产投饵养殖污染源进行每年 1～2 次的监测。掌握库区典型污染源的排放规律，主要污染物[化学需氧量（chemical oxygen demand，COD）、NH_4^+、TN、TP]的排放浓度，排放的时空分布，以及污染负荷入库量等。

船舶流动污染源监测下设三峡流动污染源三峡监测站、万州监测站、重庆监测站，主要从事船舶污染源定期监测、船舶油污染监督执法监测、船舶防止油污染设备的评估监测等，监测项目包括石油类、悬浮物、pH、COD、五日生化需氧量（biochemical oxygen demand，BOD_5）、TP、TN、大肠菌群、氮氧化物、SO_2、烟度和噪声等。船舶流动污染源监测是通过掌握三峡工程建设过程中船舶主要污染物的产生和排放规律、排放总量，评价船舶污染对三峡库区生态环境的影响。船舶流动污染源监测有助于提高三峡库区船舶防污监督执法的水平，提高船舶防污设施的使用和管理水平，为减少船舶污染物的排放和减轻对三峡库区生态环境的影响，以及评估三峡工程运行期间的环境影响提供科学依据。

水土流失和农业面源污染监测包括农业化肥面源污染监测和秭归典型生态环境监测，主要是对三峡库区典型区域进行气象因子、土壤环境因子、典型径流场、消落区环境和植物生态特性等进行监测。通过持续开展污染源调查与复核，摸清库区各类污染物的来源、污染状况（产生量、去除量、排放量及污染负荷入库量），发现库区潜在的水环境安全问题，促使库区产业布局规划和水污染防治规划相协调，从而保障整个库区社会经济发展的安全。

3.1.5.4 饮用水水源地水质安全监测

目前饮用水水源地水质安全监测由地方生态环境部门负责监测。现有长江三峡工程生态与环境监测系统中人群健康监测在 2010 年前涉及生活饮用水水质监测。该生活饮用水水质监测包括移民迁建活动涉及的重庆市 16 个县（区）和湖北省 4 个县（区），重点监测生活饮用水卫生状况。

3.1.5.5 分区入库污染物总量监测

目前分区入库污染物总量监测尚未建立完整的体系，主要由水利部长江水利委员会水文局开展，具体监测工作由长江上游水环境监测中心承担。长江上游水环境监测中心有 1 个中心（重庆中心分析室，负责三峡库区尾部长江段、乌江水系、嘉陵江河口的水环境监测工作）及 4 个分中心［嘉陵江水环境监测分中心，负责嘉陵江水系（嘉陵江、涪江、渠江）、三峡库区尾部嘉陵江段的水环境监测工作；万州水环境监测分中心（2003 年 10 月运行），负责三峡库区的水环境监测工作；宜宾水环境监测分中心，负责岷江、沱江、金沙江水系、长江上游干流的水环境监测工作；攀枝花分中心负责金沙江水系的水环境监测工作］并设有监测站 27 个，省界监测站 11 个，水功能监测站 85 个，三峡水质子系统监测站 11 个。

3.1.6 生态与生物多样性监测系统现状

现有长江三峡工程生态与环境监测系统中生态与生物多样性监测涉及 13 个重点站。此外，水环境监测系统中的秭归典型生态环境监测重点站、万州典型生态环境监测重点站、长江上游典型区小流域监测重点站也涉及一部分农业生态环境监测，干流水文水质同步监测重点站涉及一部分水生生物监测。

在国务院三峡办的领导下，生态与生物多样性监测系统相关重点站运行总体良好，积累了大量第一手本底和监测数据，产出了一批重要的成果，为长期跟踪建设期三峡工程对生态和生物多样性的影响奠定了坚实的基础。各系统的监测体系现状见表 3-2。

表 3-2　生态与生物多样性监测系统与相关的承担单位

分类	重点站	承担单位	主管部门
农业生态与生物多样性	农业生态环境监测重点站	湖北省农业生态环境保护站	湖北省农业农村厅
	河口土壤盐渍化监测重点站	中国科学院南京土壤研究所	中国科学院
	地下水（小港）监测重点站	中国科学院测量与地球物理研究所	中国科学院
陆生生态与生物多样性	陆生动物监测重点站	国家林业和草原局生态监测评估中心	国家林业和草原局
	陆生植物监测重点站	中国科学院植物研究所	中国科学院
	森林资源监测重点站	国家林业和草原局林产工业规划设计院	国家林业和草原局
	生态环境遥感监测重点站	中国科学院遥感与数字地球研究所	中国科学院
湿地生态与生物多样性	河口生态环境监测重点站	中国科学院海洋研究所	中国科学院
	江湖生态（洞庭湖、鄱阳湖）监测重点站	中国环境科学研究院 江西鄱阳湖国家级自然保护区管理局	生态环境部
	消落区生态环境监测重点站	中国科学院武汉植物园	中国科学院
水生生态与生物多样性	水库经济鱼类监测重点站	水利部中国科学院水工程生态研究所	水利部长江水利委员会
	渔业资源与环境监测重点站	长江流域渔政监督管理办公室	农业农村部
	鱼类与珍稀水生动物监测重点站	中国科学院水生生物研究所	中国科学院

现有生态与生物多样性监测系统包括农业生态与生物多样性监测重点站 3 个，分别承担农业生态环境、地下水（小港）和河口土壤盐渍化监测；陆生生态与生物多样性监测重点站 4 个，分别承担陆生动物、陆生植物、森林资源与生态环境遥感监测；湿地生态与生物多样性监测重点站 3 个，分别承担消落区生态环境、江湖生态（洞庭湖、鄱阳湖）、河口生态环境监测；水生生态与生物多样性监测重点站 3 个，分别承担鱼类与珍稀水生动物、渔业资源与环境、水库经济鱼类监测。以上重点站已连续多年在库区及长江上游、中游湖区、河口区开展了农业、陆域、湿地和水域生态环境的调查与监测工作，积累了翔实的三峡大坝蓄水前后库区生态与生物多样性相关长序列的数据资料及其变化规律，为分析三峡工程建设的相关影响奠定了重要基础，为库区生态资源合理利用及库区生态环境建设与保护管理对策的制定提供了科学依据。

3.1.6.1 农业生态与生物多样性监测

农业生态与生物多样性监测有3个重点站，包括农业生态环境监测重点站、地下水（小港）监测重点站、河口土壤盐渍化监测重点站。

农业生态环境监测重点站由湖北省农业生态环境保护站承担，从1996年开始工作，基层站以长江沿线已设立的农业生态环境保护站为基础设置。根据三峡工程对农业生态环境的实际影响，分别在重庆市主城区、江津区、巴南区、渝北区、长寿区、武隆区、涪陵区、丰都县、石柱土家族自治县、开州区、忠县、万州区、云阳县、奉节县、巫山县、巫溪县和湖北省巴东县、秭归县、兴山县、宜昌市、夷陵区、宜昌市主城区、荆州市、洪湖市设置23个基层站，主要进行以下几个方面的监测工作：全库区耕作制度监测、农村能源供求动态监测、农作物病虫害消长情况监测、库区水土流失情况监测。

地下水（小港）监测重点站由中国科学院测量与地球物理研究所承担，目前主要从事的监测工作包括地下水观测、气象观测、土壤潜育化指标监测和潜育化土壤改良利用试验示范四部分。其中，地下水观测孔位于小港至石码头一线，1998年建成，现有5组；气象观测场位于小港站内，进行人工气象观测；土壤潜育化指标监测按季节采取剖面土壤样品，将野外速测和实验室分析测试相结合；潜育化土壤改良利用试验示范是在监测分析潜育化土壤的肥力及其演变趋势的基础上在小港农场开展的。

河口土壤盐渍化监测重点站由中国科学院南京土壤研究所承担，目前共设置了三组监测断面，每组监测断面共有三个监测点，分别开展河口典型地段长江和内河水盐度、地下水位与地下水盐度的动态监测，河口典型地段土壤水盐度动态变化规律监测，河口典型及敏感地段土壤演变特征的跟踪调查及监测，以及河口典型地段土壤盐渍化变化与发展趋势分析等几个方面的工作。

以上3个重点站已连续多年在库区及中游湖区、河口区开展了农业生态环境的调查与监测工作，掌握了农业生态环境和农业生产、土壤潜育化、土壤盐渍化相关长序列的数据资料及其变化规律，为分析三峡工程建设的相关影响奠定了重要基础。

3.1.6.2 陆生生态与生物多样性监测

陆生生态与生物多样性监测由陆生植物监测重点站、陆生动物监测重点站、森林资源监测重点站、生态环境遥感监测重点站组成。

陆生植物监测重点站成立于1996年，由中国科学院植物研究所承担。重点站成立后，针对三峡工程不同时期的任务和特点，通过样地调查、引种试验等方法，开展了蓄水前后三峡库区陆生植物群落及生物多样性监测，珍稀濒危和资源植物引种保护，以及近年来严重危害生物多样性的外来入侵植物监测等3项监测。

陆生动物监测重点站由国家林业和草原局生态监测评估中心承担，主要通过固定调查、随机调查监测陆生动物特别是珍稀濒危物种的种类、分布、生境状况，监测频率为两年 1 次。

森林资源监测重点站由国家林业和草原局林产工业规划设计院承担，主要通过地面清查、遥感监测，开展库区林业用地面积调查，包括：按林种划分的森林面积和蓄积量、森林覆盖率，各主要森林群落类型的生长量和生长率，采伐面积与采伐量，森林病虫害面积，火灾面积，迹地更新面积，保护区特有物种和典型群落受工程建设和移民活动的影响状况等。监测频率为两年 1 次。

自建站以来，积累了翔实的三峡大坝蓄水前后库区陆生动植物、森林资源相关数据，为综合评价和分析库区动植物群落、森林资源的变化及工程建设的影响奠定了基础。

3.1.6.3 湿地生态与生物多样性监测

根据《长江三峡工程生态与环境监测系统实施规划》（修编本）的安排，湿地生态与生物多样性监测包括消落区生态环境监测重点站、江湖生态（洞庭湖、鄱阳湖）监测重点站与河口生态环境监测重点站，它们分别建立于 2009 年、2010 年（洞庭湖）、2011 年（鄱阳湖）、1998 年，监测内容涉及生物多样性、水文过程与水环境、土壤环境、人口健康等多个方面，初步形成了针对三峡工程影响的重要湿地生态系统监测格局。

消落区生态环境监测重点站由中国科学院武汉植物园承担，2009 年正式建设和运行以来，生物群落、土壤等各方面的监测技术和方案都是按照国家相关标准进行，符合国际相关监测惯例。

江湖生态（洞庭湖）监测重点站由中国环境科学研究院牵头，联合林业、水利、中国科学院系统的 3 家优势单位共同参与工作。截至 2014 年，站点初期建设及运行工作总体顺利，水文水质、水生态、洲滩生态系统要素、物种多样性、环境健康五类监测基层站格局初步形成。

江湖生态（鄱阳湖）监测重点站由江西鄱阳湖国家级自然保护区管理局牵头，江西省水利厅鄱阳湖水文局、中国科学院鄱阳湖湖泊湿地观测研究站、南昌大学生命科学研究院流域生态学研究所联合实施。经过 2011～2014 年的建设运行，江湖生态（鄱阳湖）监测重点站可以对鄱阳湖的水文、水质、洲滩生态系统要素和物种多样性等方面进行较好的监测。

河口生态环境监测重点站由中国科学院海洋研究所承担，主要对河口及其邻近海域生态环境和生物资源两大系统内若干要素进行定时、定点的观测和调查，为客观评价三峡工程建设对河口生态系统结构的多样性及其生物资源持续利用格局的影响程度、范围、机理及其规律等奠定了基础。

3.1.6.4 水生生态与生物多样性监测

水生生态与生物多样性监测包括鱼类与珍稀水生动物监测重点站、渔业资源与环境监测重点站、水库经济鱼类监测重点站。

鱼类与珍稀水生动物监测重点站由中国科学院水生生物研究所承担。鱼类与珍稀水生动物监测重点站建立于 1996 年，建立之初为水生生物流动监测重点站，2004 年与特有鱼类实验站合并成为鱼类与珍稀水生动物监测重点站。重点站成立以来，获取了三峡工程修建前后备受关注的长江上游特有鱼类、珍稀水生动物及四大家鱼早期资源量的资料，为客观评价三峡工程建设对生态与环境的影响、针对性地采取有效的物种保护措施提供了丰富的第一手资料。同时，重点站开展受不利影响较严重的特有鱼类和一些重要经济鱼类的人工繁育技术试验，为特有鱼类的物种保护、经济鱼类资源的开发与利用提供技术支持。

渔业资源与环境监测重点站于 1996 年成立，由长江流域渔政监督管理办公室（原长江流域渔业资源管理委员会办公室）牵头，并联合中国水产科学研究院长江水产研究所、中国水产科学研究院淡水渔业研究中心、地方水产研究所、地方渔政等 17 个单位参与。重点站下设宜宾市、重庆市巴南区、重庆市万州区、荆州市、岳阳市、湖口县和河口 7 个监测点，以及长江中上游和下游 2 个重点实验室，1997 年全面运转。2009 年新增巫山县、宜昌市、武穴市、安庆市、镇江市、常熟市 6 个基层站，增加河口站的长江北支监测断面。该重点站主要监测四大家鱼产卵场分布、三峡库区及坝下渔业资源情况、长江通江湖泊的水生生物及环境情况、渔业环境等，为反映三峡工程不同时期的渔业资源与渔业环境状况、预测不良趋势并发布警报、促进长江渔业的可持续发展等提供了科学依据。

水库经济鱼类监测重点站于 2010 年成立，由水利部中国科学院水工程生态研究所承担。监测内容包括三个方面：采用鱼探仪进行三峡水库经济鱼类资源总量监测；通过渔获物调查开展三峡水库经济鱼类种群动态监测，下设秭归县、巫山县、云阳县、涪陵区、江津区、北碚区（嘉陵江）、巫溪县（大宁河）7 个监测站点；通过鱼类早期资源调查开展三峡水库经济鱼类资源补充量监测。建站以来，运行良好，为掌握三峡水库蓄水运行期间库区经济鱼类资源现状及其动态变化规律奠定了基础数据，为水库渔业资源合理利用及库区重要经济鱼类物种保护管理对策的制定提供了科学依据。

3.1.7 局地气候监测系统现状

局地气候监测系统自 1996 年运行以来，总体运行情况良好，监测范围包括库区重庆段和湖北段。重庆段的局地气候监测系统被纳入长江三峡工程生态与环境监测系统的站点有 2 个（重庆市气候中心和重庆市气象信息与技术保障中心），基层站 40 个，2009 年在重庆万州和涪陵两个段面上建设了 16 个立体气候监测剖面站、2 座 100m 梯度观测塔和 8 个自动能见度监测站。湖北段的局地气候监测系统被纳入长江三峡工程生态与环境监测系统的站点有 3 个（湖北省气象局、湖北省气象信息与技术保障中心和宜昌市气象局），基层站 19 个，其中宜昌市有 15 站，恩施土家族苗族自治州有 3 站，神农架林区有 1 站。2009 年在距离三峡大坝 6000m 处，建成了一个立体气候监测剖面和 1 座 100m 梯度观测塔。立体气候监测剖面从北到南由王家垭、古村坪、韩家湾、太平溪、金缸城、曾家店、青林口、芝兰 8 个自动气象站组成，在北岸太平溪站、南岸曾家店站和芝兰站及宜昌市布置了能见度观测仪。依托现有监测网络，获取了大量的三峡库区局地气候监测资料。

3.1.8 在线监测系统现状

目前，三峡水库的在线监测涉及多个监测体系，主要有国务院三峡办主导的长江三峡工程生态与环境监测系统、生态环境部的国家地表水水质自动监测网、水利部的水环境监测系统等，监测系统独立建设，数据互通性几乎没有。

3.1.8.1 生态环境部的国家地表水水质自动监测网

为加强重点流域水环境监测工作，生态环境部建立了国家地表水水质自动监测网。国家地表水水质自动监测网实施地表水水质的自动监测，可以实现水质的实时连续监测和远程监控，及时掌握主要流域重点断面的水质状况，预警预报重大或流域性水质污染事故，解决跨行政区域的水污染事故纠纷，监督总量控制制度的落实情况。

国家地表水水质自动监测网主要由地表水水质自动监测系统构成。该系统由一个远程控制中心（简称中心站）和水质自动监测子站组成，它以在线自动分析仪器为核心，运用现代传感技术、自动测量技术、自动控制技术、计算机技术、卫星通信技术等组成了一个综合性的在线水质自动监测体系。

国家水质自动监测子站的监测项目包括水温、pH、溶解氧、电导率、浊度、高锰酸盐指数、总有机碳、氨氮。其中，湖泊水质自动监测子站的监测项目还包括 TN 和 TP。水质自动监测子站的监测频次一般采用每 4 小时采样分析一次，按 0:00、4:00、8:00、12:00、16:00、20:00 整点启动监测，可根据管理需要提高监测频次。

近年来，面向新一轮发展形势的水环境风险管理的需求，重庆市、湖北省地方政府也不断强化水环境质量的自动监测能力、移动监测能力和应急监测能力，建设和完善了水环境质量自动监测网络，大力推进了环境监测信息化建设。

依托国家水体污染控制与治理科技重大专项（简称国家水专项）的科技带动和典型示范，初步构建了三峡库区水环境监控预警平台，库区也设置了水质自动监测站，其自动监测能力不断提升。

（1）三峡库区重庆段地表水水质自动监测站状况。三峡库区重庆段地表水水质自动监测站已在运行的自动站有 8 个，分布在朱沱、金子、万木、丰收坝、和尚山、北温泉、大溪沟、梁沱 8 个断面，前 3 个为省界断面，后 5 个为饮用水水源地断面，均与手工监测断面重合，覆盖了长江、嘉陵江、乌江入重庆境省界断面和重庆主城区重要饮用水水源地。监测项目为 pH、温度、溶解氧、浊度、电导率、氨氮、高锰酸盐指数、TP、TN 等。监测频次为每 4 小时监测一次。监测方法执行生态环境部、EPA 和欧洲联盟（European Union，EU）认可的仪器分析方法，并按照《地表水自动监测技术规范（试行）》（HJ 915—2017）执行。

（2）三峡库区湖北段地表水水质自动监测站状况。三峡库区湖北段地表水水质自动监测站已在运行的自动站只有 1 个，位于重庆与湖北省交界的国控监测断面——巴东巫峡口，监测项目为pH、温度、溶解氧、浊度、电导率、氨氮、高锰酸盐指数、TP等，监测频次为每4小时监测一次。监测方法执行生态环境部、EPA认可的仪器分析方法，并按照《地表水自动监测技术规范（试行）》（HJ 915—2017）执行。该自动监测站由湖北省投资，于2012年底建成，2013年开始试运行。

3.1.8.2 水利部的水环境监测系统

水利部的水环境监测系统初步形成了以水质监测为主，实时在线监测和移动（应急）监测为辅的监测模式。水利部长江水利委员会水文局现设有98个水质监测断面、32个省界监测断面、82个重点水功能区和15个三峡工程生态与环境监测水量水质同步监测断面，监控长江干支流23条河流和8个重点湖（库）；拥有2个水质应急监测移动实验室和3座水质自动监测站，能进行地表水、地下水、大气降水、生活污水、生活饮用水与饮用天然矿泉水、土壤与底质、海水等七大类近百项水质参数分析测试工作。

3.1.8.3 自然资源部的水环境监测系统

自然资源部的水环境监测系统是由国家、省、地级市三级地下水监测网络组成，拥有各类地下水监测点23800多个，地下水监测控制面积110万km^2。《中国地质环境监测地下水位年鉴》向全社会发布地下水动态监测信息、全国地下水水位和水质状况、主要城市浅层地下水位变化情况。目前，没有专门针对三峡库区地下水情况的调查结果。

3.1.8.4 交通运输部的船舶污染监测系统

2011年，三峡库区从事危险品运输的企业共63家（16家企业运行安全管理体系），拥有各类危险品运输船舶258艘，其中，液货船155艘、集装箱船94艘、干货船9艘，运力44万t。2010年危险品船舶运输各类危险品136种，其中运输量超过5000t的有22个品种（包括柴油、汽油、煤油、乙酸、对二甲苯、二硫化碳、沥青、硫酸、甲醇、苯、氢氧化钾、氢氧化钠、乙醇等）。截至2011年，有正常营运船舶的垃圾接收单位10个、油污水接收单位3家，2010年接收船舶垃圾5116.01t，油污水9062.95t。

早期船舶流动污染源监测的工作是由交通运输部环境保护中心牵头，落实到长江海事局的下属单位（重庆、万州、三峡3个海事局）。

目前，每年测定的船舶污染物有：含油污水（360艘）、生活污水（50艘）、船舶垃圾（50艘）、船舶废气（50艘）、噪声；其中含油污水测定石油类，生活污水测定COD、BOD、

TP、TN、悬浮物及大肠菌群；废气测定氮氧化物、SO_2和烟度。船舶污染源的监控十分必然。

3.1.8.5 农业农村部的农业面源污染监测

农业农村部农业生态与资源保护总站负责牵头组织全国性农业环境监测工作，参与组织全国农业环境监测网络建设，组织拟定农业环境监测技术方案、技术规范，开展基本农田等农产品产地环境污染、农业面源污染监测与评价。农业农村部农业生态与资源保护总站具体负责开展农业面源污染监测与评价，承担重点流域农业面源污染防治技术推广。三峡库区重庆段和湖北段都开展了农业面源污染的调查和监测工作。

目前，在三峡库区 6 个基层站设有 30 个 $20m^2$ 的径流小区，从 1996 年至今一直开展库区农业面源污染监测工作。但由于小区建设时间久远，一方面径流小区面积太小不符合新的监测要求，另一方面 6 个站点的监测结果不能全面反映整个库区的农业面源污染状况。

3.1.8.6 生态与生物多样性在线监测现状

（1）农业生态环境监测重点站。三峡库区农业野生植物资源较多，重点站及各基层站对库区的农业种植及生物多样性调查以人工调查和监测为主。例如，对野生大豆、宜昌橙、岩白菜、野生兰草等进行人工监测，缺乏有效的在线监测。

（2）河口土壤盐渍化监测重点站。目前监测手段以人工监测和数据收集为主，自动监测系统主要通过 CTD-Diver 三参数自动记录仪和电导率仪自动监测地下水位、地下水深度和水体电导率。目前，河口土壤盐渍化监测基本以土壤水盐动态的相关指标监测为主，监测指标尚显单一，没有全面考虑到水盐动态和土壤盐渍化的可能影响要素的监测。

（3）陆生植物监测重点站。使用人工定期实地调查的方法进行样点普查 + 样带调查，其中样带 12 对（24 条）、固定样方 264 个、普查样点 592 个。

（4）森林资源监测重点站。针对森林资源现状、森林蓄积生长量和生长率、森林灾害情况、营造林情况、森林采伐情况等监测目标，主要监测方式有：年度更新调查与遥感监测样地调查相结合，平均样木调查与样地调查相结合，统计数据等常规监测手段。

（5）江湖生态（洞庭湖）监测重点站。江湖生态（洞庭湖）监测重点站的监测工作主要包括四个方面：水文水生态、底质监测、生物多样性、洲滩生态系统要素。目前仅位于南嘴、小河嘴、鹿角、岳阳楼、城陵矶建有 5 个水质自动监测站可以实现在线监测，可实现的在线监测项目包括：pH、水温、表层溶解氧、底层溶解氧、电导率、浊度、高锰酸盐指数、氨氮、TP、TN、叶绿素 a、蓝绿藻、水位，少于水文水生态监测的指标数。底质监测目前未开展在线监测。生物多样性目前仅 5 个监控点、17 个摄像头可以实施在线监测监控。洲滩生态系统要素目前正在实行的在线监测项目只有气象监测。

（6）江湖生态（鄱阳湖）监测重点站。目前开展的在线监测工作较少，只有两个项目实现了在线监测：①在大湖池和沙湖分别修建了水位自动监测系统，能够实时收集湖泊的水位数据；②在大汉湖和大湖池分别修建了气象自动监测系统，对 10 个气象因子进行数据采集。

（7）消落区生态环境监测重点站。目前的监测仅限于生物群落部分指标和土壤环境，还没有涉及消落区生态系统的水环境和大气环境监测，监测手段主要是常规方法。

（8）水库经济鱼类监测重点站。目前开展的相关监测内容基本属于常规监测方式，缺少对水生生物资源变动的连续和实时监测。

（9）鱼类与珍稀水生动物监测重点站。目前尚未开展在线监测相关工作。

3.1.8.7 水上移动监测船

2017 年，长江流域水环境检测中心监测船“长江水环监 2016”启航。它是目前我国最大、最先进的内河水环境监测船，长 48m，宽 8.4m，吃水 1.65m，总吨位 607t，航速 16 节。

它建有干、湿实验室和独立采样间，拥有先进的导航、定位、通信系统和无人机平台，配有一艘工作快艇，为样品采集和现场监测提供了有力保障。可现场开展理化分析、生物检测、重金属和微量有毒有机物应急检测、水文测量等监测。船上实验室采用了固定工艺安装设备，设计了江水、自制水、自来水和超纯水 4 个供水端，以及多个供气管路。独立采样间配备了 2 套吊顶伸缩式采样器，可采集 200m 深度范围内的水质、沉积物和水生生物样品。此外，在内河水环境监测船上首创通海井设计，可搭载多普勒流速流量测定仪、鱼探仪等设备，可完成流速、流量、水下地形和渔业资源的调查监测工作。还增强了视频、影像资料的采集能力，在船顶配置了 2 台红外视频监控探头，可对周边环境实现 360°拍摄；利用船载无人机，可对水面及周边环境影像资料进行快速收集。

船上建有在线监测设备间，可实现水质参数的在线监测及动态展示，并实现与岸基的数据传输，对大范围水质调查、污染带排查和突发水污染事件的应急响应都具有重要意义。船上配置了船岸信息交换系统，全船网络覆盖。二层建有多功能会议室，可开展研讨、培训，召开视频会议，也可作水上移动应急指挥中心。

“长江水环监 2016”在“长江水环监 2000”的基础上做了重要的功能提升，为长江资源管理与保护发挥了重要作用。

3.1.9 遥感监测系统现状

三峡工程建设期建立的长江三峡工程生态与环境监测系统使用遥感监测技术作为辅助手段，多年来开展了一系列的监测活动。生态环境遥感监测重点站的承担单位为中国科学院遥感与数字地球研究所，重点开展植被生理参数遥感监测，如植被覆盖度、叶面积指数、生物量、多样性分布等级、植被净初级生产力。此外，还开展了土地利用/土地覆盖遥感监测、陆生植物群落遥感监测、水土流失遥感定量监测、居民点用地遥感监测、典型消落区遥感监测、库区水环境遥感监测等。对洞庭湖和鄱阳湖湖区水位/滩地季节性干湿交替变化（湖沼消落带）、覆被类型（草地、泥滩、沙洲、水面）、湿地植被群落类型（如苔草、水蓼等）、植被多样性、地上生物量，河口海洋水色、浊度、悬浮泥沙、叶绿素 a、水体初级生产力，河口湿地、海岸线变迁、滨海湿地等生态环境要素也开展了遥感监测工作。

为满足《三峡后续工作规划》的编制要求，国务院三峡办 2009 年委托长江勘测规划设计研究院获取了覆盖库区生态屏障区的高分辨率遥感影像，并开展了地形测量和土地利用遥感解译工作，为《三峡后续工作规划》的编制提供了有力的基础支持，但该遥感技术的应用并未形成一套完整的周期性的体系，所利用的遥感资料距今已近 10 年，尚未全面更新。

目前，在国务院三峡办的指导下，结合《三峡后续工作规划》的实施，长江勘测规划设计研究院等单位承担了国家卫星及应用产业发展专项“基于国产卫星应用技术的三峡库区生态环境动态监测与应急服务示范”项目，瞄准卫星综合应用技术发展的新趋势，结合《三峡后续工作规划》中生态环境建设保护和应急管理的业务需求，以国产遥感、导航卫星系统为主要信息源，集成已有地面定点观测及空地遥感数据，建设运行支持中心作为卫星遥感数据获取调度与高级应用技术支持平台，建设业务服务中心作为多元数据管理与规模化信息处理服务平台，部署县级监测与应急服务站和群测群防终端进行县域生态环境动态监测信息综合与应急处置，形成了业务化、标准化定制的区域通用框架数据产品、生态环境监测遥感参数产品、三峡库区生态环境动态监测专题应用产品及监测站产品和终端产品等多种产品类型，并在湖北省秭归县和重庆市涪陵区两地开展了应用示范。该项目为遥感监测系统的实施奠定了良好的技术基础，展示了遥感监测的应用潜力。

涪陵区应用示范以长江师范学院为基地，使用无人飞艇进行涪陵区地质灾害遥感监测。对涪陵区专业监测地质灾害点和长江、乌江干流沿岸 1km 范围内的地质灾害点，每季度使用无人飞艇进行至少一次遥感监测。飞艇上的照相机可自动连续航拍，照片分辨率达 3～4cm，巡航飞行速度约 30km/h，最大速度为 70km/h。飞艇可搭载各种航拍器材，对三峡库区地质灾害进行遥感监测。

3.2 现有监测体系中生态环境监测的主要问题和建设需求

现有监测体系进行了长期的跟踪监测，积累了三峡水库蓄水前及运行期间的大量历史数据，为保障工程安全、研究三峡工程对生态与环境的影响奠定了基础，为三峡工程建设与运行、保护库区和流域环境、保证资源的持续利用，以及为国家有关部门的决策提供科学依据和信息服务。

但现有监测体系还不能满足三峡工程综合管理能力建设的需求。随着三峡水库蓄水运行，一些问题亟须解决。三峡工程成库初期，改变了地质、生态环境、社会经济原有的自然平衡，是工程影响的敏感期、地质灾害多发期，应特别加强全局性综合监测和实时监测，以适应对工程影响发展变化趋势的深度认知和灾害预警的需要。当代经济社会发展对三峡工程提出了一些新要求，主要涉及移民安稳致富、生态环境建设与保护、拓展综合效益、加快经济发展。在三峡后续工作阶段和长期运行期间，为了应对大尺度、敏感性问题和突发性问题，满足综合动态管理要求，需要在原监测工作基础上完善监测。

3.2.1 水环境监测系统的主要问题和建设需求

3.2.1.1 水文水质监测

三峡水库进入运行期后仍须继续观测库区及中下游水体的水环境质量变化情况，为三峡工程的运行管理提供科学的数据支撑，同时通过长时间、长系列的数据资料，充分反映三峡水库蓄水前后的水环境质量变化过程。三峡后续工作要求水环境监测将从现有跟踪监测向预警应急转变，由粗放型向精确型转变，由监测数据采集上传向注重数据上报时效性、准确性转变，不断适应三峡工程运行的新形势、新任务。因此，水环境监测在继续延续原有监测的基础上，补充完善上游入库及中下游干流断面的水生生物监测。同时，样品采集、样点水质和沉积物管理、数据系统收集和整理、安全调控和预警能力均需加强。

目前，干流水文水质同步监测的部分站点存在监测要素监测项目少、监测数据不连续、时间和空间的可比性不好等问题，较难反映库区生态环境质量的时空变化和真实情况。例如，在三峡库区上游入库、中下游的干流断面没有全面开展生物监测。常规的理化研究在环境监测中起了很重要的作用，能准确定量研究污染物中主要成分的含量，但是不能直接反映各种有毒物质对环境和生物的综合影响。同时，监测系统还存在监测设施和手段落后，监测基础设施建设缓慢，监测技术支持和服务体系建设相对滞后，配置设备的种类、数量无法满足监测工作需求，设备性能偏低等问题。干流水文水质同步监测需在原有监测系统的基础上，根据三峡工程运行调度与管理过程中出现的新情况、新问题，进一步调整、补充和完善监测内容与指标体系，积累长序列、完整的监测资料，从不同方面反映水环境质量的变化，也能综合分析各项数据之间的内在联系，使之更具有系列性、客观性和权威性，更能充分利用监测成果减少三峡工程的不利影响，提高三峡水库管理和运行调度的能力与水平。

目前，典型排污口污染带监测还存在设施设备不完善、分析仪器严重不足、分析手段较落后等问题，主要表现在：①随着污染带监测任务的增加及监测范围的扩大，已有仪器设备已经不能满足污染带监测的需求，各重点站正常的监测工作受到监测能力不足的限制。②针对监测数据应用分析能力较差的问题，重点站对典型排污口形成的污染带监测数量不足，对库区整体污染带的形成和分布不清，无法全面掌握污染源排放的污染物进入水体后的迁移转化规律，库区水质保护、污染物总量控制缺乏技术支撑。典型排污口污染带监测需进一步提高野外监测能力、实验室分析能力、水质模型数值预警预报能力。定期开展库区典型排污口污染带水质监测，通过对比其蓄水前后的水质状况，从三峡水库蓄水前后水文情势变化对污染带的影响和入江污染负荷变化对污染带的影响两个方面满足中央和地方生态环境、水利部门的管理需求。同时，通过开展典型排污口污染带水文、水质及入江污染负荷现场实测，既为水质数学模型参数率定与验证提供实测资料，又为在三峡库区建立上下游、左右岸生态补偿机制提供科学决策参考，科学评估潜在的水生态环境风险，为三峡库区总体水质保护提供科学技术支撑。

3.2.1.2 库区富营养化监测

三峡水库蓄水后，库区江段将由天然河道变成水库，使得境内长江干流及诸多支流的水文特征发生重大变化，库区水环境逐步由激流环境的河流生态系统向静水环境的湖泊生态系统演变，N、P等营养盐的迁移转化途径和停留时间发生明显改变，支流水体富营养化程度逐渐提高，部分支流回水区水华频发，严重影响三峡库区的水生态安全。针对三峡水库蓄水以后支流出现的富营养化和水华问题，目前的监测系统尚缺乏相应的监测，主要表现在：①现有的监测系统主要针对三峡工程建设期环境问题设立的，并不能满足三峡后续工作中支流富营养化及水华监测的需要；②现有的水质监测指标比较单一，主要是水化学指标，对水生态及水动力方面的监测能力比较薄弱，缺乏监测的整合；③现有的监测缺乏对支流底质的监测分析，而底质作为水体的重要部分，与水体中污染物浓度存在紧密联系，亟须补充；④现有的监测系统仅仅局限于监督性观测，缺乏研究性观测，入库支流和库湾区域的水体各方面理化形式（特别是流态）的巨大变化形成了一些新的非常不稳定的生境，作为一个“新生的”生态体系，尚处于湖沼演化过程的初期阶段，生态环境演化机制尚认识不清，要想掌握蓄水后干支流水环境和水生态的演化趋势，需要开展多尺度、多过程、多学科的系统观测和综合分析，常规的监督性观测并不能做到这一点。只有从常规监督性观测向研究性观测转变，对各支流开展基本要素观测、关键水文过程观测、水化学观测、水生态观测、专项观测和原位试验等，完善监测系统，才能实现对大型水库生态环境演化规律的科学认知。

目前，三峡水库支流回水区水华生消机理尚不明确，加之三峡水库本身水体大、面积广、运行复杂等特点，致使当前还不能提出一个切实有效的措施来解决支流水华问题。因此，有必要在三峡库区开展生态环境持续监测工作，一方面明确三峡水库生态环境演替规律及机理，确定三峡水库对生态环境的影响；另一方面实时监测并预报水质变化过程，以便进行应急控制，尽量减小生态环境问题的负面影响。

同时，支流水质问题具有不确定性，尤其是水华发生具有突发性、变化快等特点，国控断面定期监测很难捕捉突发性水质污染及水质事件，更不能对其发生机理进行正确分析，加之三峡水库水质及水华问题也主要发生在支流水域，因此，很有必要在三峡水库主要支流敏感区水域设置基层站进行持续观测，实时反映支流水质状态，捕捉生态环境问题的发生过程并分析其发展趋势。

三峡水库重点支流水质监测的工作定位，从常规性监督水质监测转移到以基础数据与机理研究并重的研究性监测，并且需要加强底质监测分析工作。

3.2.1.3 污染源监测

随着社会经济的发展和三峡库区水环境保护工作的不断深入，污染源监测系统的监测内容已满足不了三峡库区水环境保护的需要。

点源污染（工业与生活）监测方面，由于库区水产投饵养殖已基本取消，此项监测已无实际意义，垃圾填埋场渗漏液现已全部得到处置，没有必要再进行垃圾填埋场渗漏液的监测。近年来，规模化畜禽养殖、沿江工业企业和化工园区发展迅速，成为库区新的污染源，需进一步提升监测能力，加大监测指标，加大人员建设，保障设施有效运行。

船舶流动污染源监测方面，三峡库区船舶污染事故潜在地威胁着库区的生态环境。特别是蓄水后停靠在坝区过闸船舶数量增加，污染事故概率增加，船舶违章排污对坝区水域污染影响增大。目前，船舶污染源监测系统还缺乏油品/化学品溢出的应急监测能力和手段，发生事故后，缺乏有效的监测手段及时掌握污染状况，难以为污染事故应急处理提供决策依据。因而需要在原有设备基础上增加各类设备台数，以保证样品取回后能有效、及时的测定；需要配备监测车和监测船，以保证流动源监测工作正常完成；需要配备液相色谱仪、气相色谱-质谱联用仪、便携式气相色谱仪、便携式石油类分析仪等监测设备，提高突发性船舶污染事故监测能力；需要构建信息网络系统平台，以保证数据能快捷、有效、准确传输。

船舶污染源监测系统还存在部分站点监测设备老化不能正常使用，经费投入较低，监测设施和手段落后，监测技术支持和服务体系建设相对滞后等问题，已经不满足船舶污染源监测工作需要，严重影响了监测科学性、系统性、完整性，对三峡后续监测管理业务和综合管理支撑力度不足，因此亟须优化完善监测的范围、内容、指标、时间和频次，提升三峡库区水环境监测的管理能力和业务水平。

水土保持及农业面源污染监测方面，由于库区普遍存在耕地资源不足、人口密度大、人类活动强烈、土地垦殖系数高、土地人口承载力低等问题，该区域生态环境更具不稳定性与脆弱性，环境污染与生态退化严重。近年来，流域内既有城镇化水平迅速提高的移民安置新城区，也有移民安置和城镇化引起的土地利用快速变化的城镇近郊区，以及生态环境退化、水土流失、农业面源污染问题突出的农村聚落区。复杂的污染类型对农业面源污染监测工作提出了更高的要求，但目前监测点数量较少、监测类型不全面及监测指标单一不能全面反映流域农业面源污染现状。针对监测站点不足以满足当前条件下的监测要求，需合理增加监测站点，同时针对水土流失和农业面源污染监测，还需购置土壤、径流水、径流泥沙污染物检测等分析仪器设备。

3.2.2 生态与生物多样性监测系统的主要问题和建设需求

现有生态与生物多样性监测系统，包括农业、陆生、湿地、水生四个生态与生物多样性监测子项，共同存在的问题和差距主要是：监测站点布局亟待优化，监测内容和指标亟待完善统一，监测设备和技术亟待更新，监测数据采集传输和分析处理亟待自动化、信息化；监测系统管理和人才队伍培养亟待加强。

3.2.2.1 农业生态与生物多样性监测

农业生态与生物多样性监测存在的问题和差距主要有以下几方面。

（1）目前的监测工作不够系统，尚不能全面覆盖三峡水库运行对农业生态与生物多样性影响的范围，主要表现为：①三峡库区人多地少矛盾突出、面源污染严重，三峡后续工作面源污染防治任务艰巨，对库区土壤肥力进行监测，有利于调整种植模式、科学测土施肥，从而减少农业面源污染。然而，对于库区土壤肥力监测目前仍非常缺乏。②河口土壤盐渍化监测重点站目前监测范围包括纵向距入海口 35km 范围内、横向距江堤 1km 范围内的 3 个监测断面 9 个监测点的水盐动态与土壤盐渍化监测，其范围为海水入侵和长江干流流量变化（包括三峡调蓄造成的流量变化）可能最直接影响的敏感重点区域，但在海水入侵与干流流量变化对河口土壤盐渍化、农业生态和湿地生态环境方面可能影响的过渡区域未进行深入研究，应尽可能扩大监测范围。

（2）监测的要素不全面。一是农作物多样性是粮食遗传育种和生物技术研究的重要植物资源，对保障库区粮食安全和生态安全具有十分重要的意义。土壤环境质量更是直接决定农产品质量安全情况。但现有库区农业生态环境监测对农作物品种及野生植物资源、库区土壤环境质量状况监测缺乏。二是目前河口土壤盐渍化基本以土壤水盐动态的相关指标监测为主，监测指标尚显单一，没有全面考虑对水盐动态和土壤盐渍化的可能影响要素的监测，同时未全面考虑长江入海流量变化和海水入侵对土壤盐渍化的影响，以及因土壤盐渍化而引发的对长江口农业生态环境改变等问题。

（3）监测仪器设备不齐全，技术不够先进，导致监测数据不够稳定、抗干扰能力不强、精度不够等。例如，农业生态环境监测重点站监测设备不齐全，无法满足新增土壤肥力监测的需要；河口土壤盐渍化监测重点站的监测频率较低，监测设备尚不能自动获取数据并进行在线传输，不能全面连续反映动态波动较为频繁的监测要素的规律。

为进一步认识三峡工程运行对农业生态与生物多样性的影响，满足综合管理的需求，需要进一步完善监测体系，包括以下几方面。

（1）扩大监测范围，完善监测站网布局，覆盖三峡水库运行对农业生态环境影响重点区域；补充库区土壤肥力监测站网，完善库区农业生态环境监测；考虑感潮河段和上游来水量的综合影响，沿江向上扩大监测断面的范围，同时应沿江堤向内陆扩大监测范围，增加监测断面和监测点，以便更全面地了解区域内土壤盐渍化及其所影响的农业生态与生物多样性的变化。

（2）在河口土壤盐渍化区域补充水盐动态和其他可能影响要素的监测，同时全面考虑长江入海流量变化和海水入侵对土壤盐渍化的影响，以及因土壤盐渍化而引发的对长江口农业生态环境的影响。

（3）加强监测仪器设备配置和相关基础设施建设，提高监测能力，满足监测工作需要，监测水平达到国外相近监测技术水平。

3.2.2.2 陆生生态与生物多样性监测

（1）三峡水库进入稳定运行期后，随着三峡后续工作植被恢复、水土保持等规划任务的实施，库区陆生生态系统格局与过程正发生深刻的变化，而这种变化对水库的安全运行、库区的生态屏障功能都会产生深远影响。现有监测体系对于运行期出现的新问题、新要求等监测不够，主要包括：孤岛效应监测比较缺乏；对于植被恢复后的森林生态效益，如森林生态系统涵养水源能力、保持水土能力、生物量及生产力、物候及小气候等监测比较缺乏；对突发和短期生态灾害引起的植被群落变化监测缺失；对宏观尺度的景观多样性的监测比较缺乏。

（2）伴随三峡工程建设运行后库区陆生生态的变化，已有监测网络和体系在监测范围覆盖度、代表性方面都有一些欠缺，有必要根据具体情况进行适当的调整和补充，有必要增加对新问题布局设计监测站点。

（3）目前的常规监测方式项目频次低、任务不固定、支持力度小，无法获取稳定、连续的数据，对突发和短期的生态灾害及陆生植物的一些常态变化的数据难以进行综合与集成分析。

（4）目前的监测手段由于投入低，能力建设不足，难以和国际接轨。一方面，随着监测需求的增加，监测仪器设备在质量和数量上都不能满足监测工作的需要；另一方面，固定监测样地在覆盖范围、类型和规模上均不能满足要求，亟待加强建设。

（5）监测人才培养力度不够，数据集成、管理和分析方法亟须加强。

为进一步认识三峡工程运行对陆生生态与生物多样性的影响，为评价《三峡后续工作规划》的实施效果，满足三峡综合管理的需求，需要进一步完善陆生生态与生物多样性监测体系，包括以下几方面。

（1）根据新时期、新要求，完善监测内容，补充开展孤岛效应监测及极端自然条件下的植被群落变化监测、森林生态效益监测、宏观尺度的景观多样性监测。

（2）根据监测内容的完善，进一步优化监测站网布局，完善监测样地建设。特别是在沿岸生态屏障区，补充建设陆生植物多样性监测样地、孤岛生境变迁与植物动态监测样地、外来入侵种调查样地、森林生态效益监测样地、景观多样性监测样地等。

（3）加强监测仪器设备、野外监测必需的基础设施建设，应用国际上最新的监测技术和方法对陆生生态与生物多样性进行固定监测，使监测数据更科学、合理，并在国际上具有可比性，保障监测数据的及时性和连续性，与国际接轨。

（4）为获取稳定、连续的数据，设置固定的陆生植物监测时间和频次；在野生动物监测方面，监测频率适当增加，改为半年一次。

（5）加强监测人才培养，加强数据集成、管理和分析。

3.2.2.3 湿地生态与生物多样性监测

湿地生态与生物多样性相关重点站运行以来发现的主要问题和差距主要有以下几方面。

（1）监测方案有待进一步完善。一是监测站点网络布局不健全。例如，支流消落区占库区消落区总面积的 54.1%，但目前的监测点比较缺乏，覆盖范围和类型较少；东洞庭湖富营养化凸显，然而现有的水质水生态监测点位尚不足覆盖；鄱阳湖重要湿地的核心区缺乏对水质的监测；洞庭湖也没有形成合理的以物种资源为目标的监测网络，大部分集中在保护区的北部，布局不合理，并且没有专职的监测站负责监测任务。二是监测内容不全面。

例如，鄱阳湖监测缺乏对全湖的物种多样性定期监测；目前消落区生态环境监测重点站的监测内容仅涉及土、生要素的部分指标，水、气等要素的监测还比较缺乏。

（2）设备设施配置仍然薄弱。部分监测设施设备购置时间已久，相对陈旧，需要更新，缺少国际先进的监测仪器设备。

（3）基础设施仍然薄弱。例如，部分监测实验室、办公、住宿、餐厅等设施协调使用多有不便，无法满足当前及未来的需求。部分洲滩基层站观测试验设施受损严重，亟须修缮。此外，部分观测样点位于水位波动的湖泊洲滩，枯水期洲滩出露，容易受人类和牲畜的破坏，保护设施薄弱。

（4）数据集成、管理和综合分析亟待加强。消落区生态环境监测重点站的监测指标较为综合，数据集成及与其他湿地重点站的综合分析方面也相对薄弱，跟踪观测及综合评价的工作尚需深入。

（5）监测队伍人才储备不足。由于监测设施薄弱、设备陈旧，监测方式落后，在监测工作中对监测队伍的人才培养不到位，人才贮备不充分。目前，人员方面存在着流动性强、40岁以下的专业人才少等问题，这也需要通过各种方式培养监测人员，壮大监测队伍。

为进一步认知三峡工程运行对湿地生态与生物多样性的影响，为三峡水库科学优化调度管理提供决策支撑，满足三峡综合管理的需求，需要进一步完善湿地生态与生物多样性监测体系，包括以下几个方面。

（1）完善监测方案。在监测设备设施完善、监测能力提升的前提下，针对运行中存在的问题，综合考虑三峡工程竣工验收后对消落区、两湖、河口湿地加强跟踪观测的需求，进一步提高监测的科学性和严谨性，引进新的监测方法，优化增设新的监测断面/点位，增加新的监测指标，完善监测时间和监测频次等，进一步完善监测方案。

（2）加强监测站房等基础设施建设。针对实验楼不足、部分监测设施简陋的情况，适当改扩建监测站房，并设置功能较为齐全的监测工作区域，以便更好地开展监测工作。

（3）加强监测设备建设。为了改变监测手段落后、监测设备陈旧、监测设备资源不足的现状，提高监测数据质量、监测工作效率，满足监测需求，需购置一批仪器设备等设施。

（4）人才培养。人才是监测工作能否成功开展的关键，要顺利地、延续地开展好生物多样性监测工作，需要针对性地培养一批较稳定的专业监测人才。需要通过各种渠道，努力培养阶梯式的专业监测人才。

3.2.2.4 水生生态与生物多样性监测

（1）三个重点站的监测站点存在交叉重复。目前三个重点站的监测站点从上游至河口依次为宜宾、合江、巴南、江津、北碚、木洞、涪陵、白马、万州、云阳、巫山、巫溪、秭归、宜昌、宜都、荆州、监利、岳阳、武穴、湖口、安庆、镇江、常熟、洞庭湖、鄱阳湖、河口区和长江口北支 27 个。其中渔业资源与环境监测重点站、鱼类与珍稀水生动物监测重点站的交叉重复监测站点为宜宾、万州断面；鱼类与珍稀水生动物监测重点站、水库经济鱼类监测重点站的交叉重复监测断面为秭归断面。渔业资源与环境监测重点站、水库经济鱼类监测重点站的交叉重复监测断面为巫山断面。

（2）现有监测布局仍待进一步优化。首先，对于工程影响的重点水域存在监测盲区。例如，三峡库区具有众多的支流，特别是许多支流的上游江段多保持原有的河道特征，为许多鱼类特别是适应流水生境的长江上游特有鱼类和其他鱼类提供了重要栖息、繁殖场所。然而，三峡库区目前仅涉及三条支流监测，对支流鱼类生境及鱼类资源现状缺乏认知，难以支撑这些区域鱼类资源的保护。其次，对工程影响的敏感对象监测站点有限。例如，三峡库区干流早期资源监测覆盖站点明显不足，难以分析三峡库区四大家鱼产卵场分布及其演变。另外，库区上游珍稀特有鱼类监测、库区上游至河口的渔业资源与环境监测区域站点布局稀疏，需要增大监测空间密度。

（3）各重点站的监测内容不统一，不同水域的监测重点不突出，监测内容不系统、不完善，部分监测方法缺乏标准规范。第一，各重点站鱼类监测的监测内容、指标不统一，不利于各监测结果的综合分析。第二，缺乏对工程直接影响区域中重要生境、生态系统功能等方面的监测，难以科学、全面地反映三峡库区水生生态系统结构与功能的变化，以及三峡工程建设运行带来的影响。第三，三峡库区上游、三峡水库、长江中游、长江下游及河口地区的鱼类时空分布格局不同，受三峡工程的影响也不同，但目前三个重点站的监测在不同水域的监测内容基本一致，未突出不同水域的监测重点。第四，部分监测方法缺乏标准规范。例如，因缺乏鱼类声学监测标准规范，各单位进行鱼类声学调查的方法不一样，不利于结果的对比分析；渔获物调查采用传统的现场购买与统计方法，费时、费力、费钱，且需杀害渔获物，因此需要研究建立通过图像采集进行渔获物调查的标准规范，以节约资源。

（4）监测能力仍需加强。目前监测系统对水生生态与生物多样性监测各重点站的能力建设投入很少，对水库经济鱼类监测重点站的投入基本为零。监测能力建设主要依靠监测单位自身的投入，监测工作的科技支撑能力十分有限，难以适应蓄水后三峡工程生态与环境保护的新形势和新要求。主要问题为：一是各重点站监测项目组均存在专用监测设备不够、部分设备数量陈旧老化、缺乏先进监测设备等现象，监测仪器设备与分析软件亟须与国际接轨，且随着监测方案的进一步完善，监测工作量增加，监测设备缺口亟须填补，才能保障监测工作高质量地完成。二是由于监测单位的基础设施投入薄弱，个别重点站监测实验室条件亟待改造。例如，水库经济鱼类监测重点站的监测实验室自建立后一直没有进行系统的维修改造，只对实验房间墙面、屋顶、地面、进排水管道和电路等进行了修缮，实验室设备建设、实验室消防、实验室温控、实验室通风系统等设施和环境条件不够完善，实验室净化系统、实验室环保系统、实验室气路系统和实验室纯水系统等设施缺乏，这些问题已影响了实验室的运行，严重阻碍了新监测技术方法的应用，从而无法达到重点站监测分析实验室的相关要求，大大阻碍了重点监测和相关研究能力的进一步提高。

（5）水生生态与生物多样性监测信息的统一、汇总、综合分析能力不足。一方面，各重点站的监测数据分散在相关监测人员的工作电脑中，没有对数据进行统一管理、整合和分析，缺乏大量数据存储的基础设备；另一方面，各重点站监测各有侧重，单个重点站监测信息只能反映水生生态局部现状及变化，不能完整地反映三峡工程对水生生态与生物多样性的影响。受限于目前的基础投入和组织管理情况，现有各重点站监测信息直接提交信息管理中心审核、存储，各重点站监测信息的统一、汇总、综合分析能力不足。

结合水生生态与生物多样性监测运行以来发现的问题、存在的差距，以及三峡工程竣工环境保护验收水生生态相关专题审查意见和专家建议，亟须进一步完善水生生态与生物多样性监测体系，包括以下几个方面。

（1）完善总体设计，由按专业监测改为按区域监测，消除监测站点交叉重复现象。为消除各监测站点交叉重复现象，有效地利用资源，节约监测成本，需要按照库区上游、三峡水库、长江中游、长江下游及河口地区进行分区域监测，进行总体设计。

（2）优化监测站网布局。一是减少在工程影响重点水域的监测盲区，补充三峡库区支流鱼类资源及其生境监测站点；二是针对工程影响的敏感对象监测站点的有限差距，补充三峡库区干流的早期资源监测站点；三是完善库区上游珍稀特有鱼类监测、库区上游至河口的渔业资源与环境监测的监测站点布局，加大部分区域的监测站点空间分布密度。

（3）完善监测内容与指标，建设监测标准规范。一是对各区域的监测内容与指标进行统一，以利于监测结果对比分析。二是对工程直接影响区域三峡水库生态系统补充开展重要支流、鱼类资源、三峡水库生态系统功能等方面的监测，以科学、全面地反映库区水生生态系统结构与功能的变化，以及三峡工程建设运行带来的影响。三是不同区域监测内容在统一监测时，加强区域监测特色，突出不同区域的监测重点。四是亟须建设监测标准规范，包括建立鱼类声学监测标准规范，提高结果准确性和可比性；建立通过图像采集进行渔获物调查的标准规范，以提高监测时效性并节约资源。

（4）加强监测硬软件设施建设。为解决专用监测设备不够、部分设备数量陈旧老化等现象，监测仪器设备与分析软件亟须与国际接轨等，需要更新、新增监测硬软件；为满足对监测发现问题的深入研究和剖析，需要新增研究与分析仪器，在监测硬软件数量和先进水平上满足监测工作需要。

（5）加强监测实验室条件改造完善。为满足监测工作的室内分析条件要求，针对水库经济鱼类监测重点站的监测实验室建设年代久远，其相关设施和环境条件不够完善的问题，亟须开展监测实验室改造，进行实验室设备、实验室消防、实验室温控、实验室通风系统、实验室净化系统、实验室环保系统、实验室气路系统、实验室纯水系统等设施建设，搭建一个标准化、安全化、现代化的实验环境，提高重点站的监测和相关分析能力。

（6）进一步理顺监测组织管理，加强水生生态与生物多样性监测信息的统一、汇总、综合分析能力。水生生态与生物多样性监测涉及单位多，各重点站一方面需要加强自身监测数据的统一存储、集中管理等相关设施建设和制度建设。另外，各重点站之间需要进一步理顺监测组织管理，加强对分区域的监测信息的汇总、整理和分析能力，建立监测结果的统一出口，为综合会商决策提供技术支撑。

3.2.3 局地气候监测系统的主要问题和建设需求

库区地形复杂，面积大，地表生态形式多样，从客观上要求建立数量众多、地域覆盖广的监测站点，实现对全库区长期有效的监测。由于经费及人员等因素限制，监测基础设施建设迟缓，尤其是监测设施设备不完备，监测内容范围较窄、基础数据缺乏。目前，局地气候监测系统的观测方式以常规方式为主，监测工作仍是依靠传统设备和方法进行，导致分析处理手段比较落后，监测工作现状及发展受到很大的制约。该监测系统存在的问题主要有以下几个方面。

（1）已建成的气象监测设备老化。一是2001～2003年建成的自动气象站经过十多年的运行，设备老化及仪器老旧，需要整体更新观测设备、改造观测场室。另外，库区属于强对流多发区，夏季雷暴、冰雹等天气对设备毁损明显，也亟须更新和备份观测设备。二是立体剖面存在信息盲点，观测设备需要更新改造，观测要素和层次也亟待增加。三是系统航道附近能见度观测点有限，已建成的站点由于能见度仪探测范围的限制达不到开展三峡航运能见度状况监测精度的要求，无法针对大雾气象灾害开展相应的气象保障技术和服务研究。

（2）监测内容需要进一步完善和扩充。库区热量交换监测系统需要完善，需要增加长江水温、土壤湿度、蒸发量、垂直风速等要素；积累大型水库建设对生态因素大气污染扩散等条件的影响。

（3）三峡水库微尺度气候监测缺乏。三峡水库是一个线型狭长水库，水位季节性涨落大，周边地形复杂，水库的局地气候效应问题是评估三峡工程生态环境效益的关键。因缺少针对三峡水库特殊性的微尺度气候观测数据，所以严重制约了水库局地气候效应评估的客观定量化技术水平发展。

（4）维护保障严重不足，影响观测资料的质量。库区部分气候监测站数量多，部分区域站、剖面站远离气象局所在地，巡查、维修耗资巨大，供电保障难度较大，目前下拨的维持费太少，已建站点监测条件有限，备品备件不足，亟须增加越野交通工具、鉴定设备和备件及维持经费。

（5）软件业务系统功能有待增强与完善。为了满足社会经济发展对气象服务提出的更高要求，有必要加强与外部门的合作与交流，三峡坝区监测服务的监测评估分析及服务业务软件系统功能仍有待开发、完善，卫星遥感资料和局地气候监测资料分析应用有待深化。

（6）综合监测能力不足，需进一步利用卫星遥感反演技术研究库区的大气气溶胶、水汽循环、云雾及干旱演变特征，相应的综合监测和业务服务能力有待加强和深化。

三峡水库运行期间，将更加关注水库水位的变化对库区局地立体（包括不同高度和周边地区）气候的影响分析，也要关注上游降水、大雾等极端天气气候事件对水库发电、防洪、航运的影响，关注三峡水库蓄水运行对下游农业经济社会的影响。因此，需要进一步加强三峡库区及上下游气候监测与库区立体气象专项的监测，增加库区灾害性天气、大气成分、水汽等综合气象监测，由原来的单要素评价监测拓展到多因素、多尺度、多时空等综合监测、归因分析、气候预测、影响评估和气候服务，扩大监测范围，提高监测技术水平，加强监测预测评估服务能力建设。

库区范围内的监测站需进一步优化完善，同时还需要加强在库区和库区临近地区的组网精细化监测试验，重点考察库区局部微尺度三维风场、温度场、湿度场的时空演变，探讨不同大尺度环流背景、不同水位、不同水岸温差条件下的气候要素场特点，剖析三峡库区的局部微气候效应问题。同时针对库区大雾、暴雨等极端天气气候事件，提高应急移动监测的能力，加强和改进完善库区自动化监测水平。

综上，完善三峡库区局地气候监测体系建设，了解和掌握三峡库区局地气候监测现状，通过对三峡库区气候状况的监测、归因分析和影响评估，为国务院三峡办、地方政府及三峡水库运行部门提供服务，以满足有关管理部门的决策需要。同时增强对库区周边地区、水库上游和下游地区的极端天气气候事件（包括旱涝、高温、大雾等气象灾害）监测、归因诊断、预测及其对水库影响分析提供服务能力，加强三峡水库运行气象保障应急管理，提高三峡水库运行期间的气象服务能力，为三峡工程长期安全运行、管理决策、风险防范提供基础信息支撑。

3.2.4 在线监测系统的主要问题和建设需求

在三峡后续工作阶段和长期运行期间，虽然已有监测网络基本覆盖了三峡库区的主要干、支流区域，但是目前其监测手段已难以满足三峡工程管理和监督监测的需要。为了应对大尺度、敏感性问题和突发性问题，从宏观上满足综合管理和实时管理的要求，需在已有监测工作的基础上，增加在线监测手段。在线监测有着重复观测周期短、记录信息丰富等优势，可以快速高效地获取生态环境、水环境、人类活动和地质灾害等监测指标，它与已有的监测系统相互补充，增强信息的集成和综合分析，提升监测能力满足综合管理、实时管理和应急管理的需求。

3.2.4.1 三峡库区在线监测与国内其他地区的差距

2007 年 5 月底，太湖蓝藻大面积暴发的“水危机”引发国内各方高度关注。此后，政府斥巨资改善太湖水环境质量。截至 2012 年底，各方已实际完成投资 960 亿元。2008 年开始，太湖流域治理安排了多个监控项目，通过对已有的监测站网的改造升级和增建必要的新监测站网，构建了由国家和地方两级监测站网组成的太湖流域统一的水环境、污染源、湿地生态监测体系（含自动监测），并建立了国家级流域监测信息共享平台和江苏省、浙江省、上海市三个省级监测信息共享分平台。信息共享平台主要承担太湖流域水环境、污染源、湿地生态等监测、监督、预警、应急和信息集中处理等各项任务，实现数据实时传输和共享。为巩固已有的治理成果，应对太湖治理面临的新情况和新问题，2013 年修订完成了《太湖流域水环境综合治理总体方案》。此方案在监管体系建设方面的目标是要形成比较完善的、能够覆盖全流域的水环境监控和预警体系，为强化管理、科学治污、落实水环境治理责任提供强有力的支撑。方案提出利用太湖流域水环境遥感（卫星、航空）信息、水功能区水质水量监测数据、不同类型污染源（城镇、工业园区、农业面源）信息，研究建立和完善太湖流域水质管理与控制模型，为太湖治理和河湖管理调度提供科技支撑；构建流域水环境信息共享平台，以现有国家和省市两级监测站网为基础，制定统一的监测技术规程和标准，构建跨部门、跨省市、高效率的国家级流域水环境监测信息共享平台和两省一市分平台，建立和完善信息共享机制，做到信息统一发布，实现信息共享；建立科学的水环境监测预警体系和快速的环境应急处置体系，全面提升环境监管能力；对重点污染企业实施在线自动监测，扩大监控范围，增加现场突击检查频次，加强对重点污染源监督性检测；对饮用水水源地及取水口水质实行全面实时监控；加强对省界断面的监测和管理。

相比较而言，目前三峡库区水文水质同步监测、饮用水水源地水质安全监测、分区入库污染物总量监测、污染源监测、库区富营养化监测等设置的在线监测站很少，特别是库区富营养化自动监测站，这些不能满足管理部门对于实时、快速掌握运行期三峡库区的水环境状况，解决相关跨界污染及行政污染源总量控制等问题。

3.2.4.2 在线监测的技术发展

环境监测技术的进步和发展对监测成果的时效性和准确性提出了更高的要求，同时也为实现实时快速的在线监测提供了技术支撑。近年来，环境监测技术涌现出一大批先进的仪器设备、技术方法，包括各种理化生物传感器、无线追踪和全球卫星定位，北斗卫星通信、移动通信、无线通信和光通信等数据传输，以及云计算平台、大数据分析等数据处理平台和技术。

美国、日本、德国等国家20世纪70年代就相继建立了河流、湖泊等地表水的在线监测系统。美国1975年建成的国家水质监测网和州及地区水质自动监测网分别在各州的18条主要河流设立近13000个监测站；水质监测指标包括水温、氧化还原电位、溶解氧、浊度、电导率、氨氮、氟化物等。随着地表水富营养化的日趋严重，70年代末期又增加了耗氧量、汞、TN和TP等自动在线监测指标。USGS还对水质数据进行分析，对水质的发展趋势进行预报。

国内沿海经济较为发达的省份较早开展了环境在线监测。2005年，水利部太湖流域管理局就在传统站房式自动站之外，采用箱体式预警站和浮台式自动监测站对太湖流域的水质进行在线监测。箱体式预警站由测量仪器、测量池、数据采集器、GPRS通信模块、供电系统及箱体主要部件组成，可以在线监测水温、pH、电导率、溶解氧、氨氮、水位和流量。浮台式自动监测站主要由浮标单元、多参数水质分析仪、气象参数传感器、供电设备、数据采集传输设备和辅助设备组成，可以实时监测水温、溶解氧、电导率、pH、浊度、蓝绿藻、氨氮、风速、风向、气温等参数，监测的数据通过无线方式实时传送到中心站。经过近10年的建设，该在线水质系统监测范围涉及太湖重要水域、流域骨干河道、主要出入太湖的河流及支流，检测指标包括水文、气象和水质等参数，初步实现了引江济太水资源调度沿线水量水质在线监测、主要出入湖河流水量水质预警监控及太湖蓝藻水华的监视监控，为流域水资源管理和保护、引江济太水资源调度等提供了准确可靠的数据支撑。

3.2.4.3 三峡库区在线监测的主要问题和建设需求

由于库区缺乏完善的在线监测体系，目前很难利用现有的资源迅速、准确地实施科学监测，及时监测环境变化及突发环境事件，为政府和上级行政主管部门进行科学管理提供依据。其与需求的差距主要表现在监测站点缺少生态环境在线监测的仪器设备，不能将站点采集的数据及时传输至相关数据采集和管理中心。库区某些重要地带还没有监测站点覆盖，没有实现在该地区的在线监测。

1）水环境在线监测的主要问题和建设需求

在线监测存在的主要问题和建设需求在水环境监测上表现得尤为突出。这可以从水文水质同步在线监测、库区富营养化在线监测、污染源在线监测、分区入库污染物总量在线监测等方面分析。

a. 水文水质同步在线监测

水文水质同步监测目前开展的监测都为传统监测，未设置在线监测方式，主要体现在长江上游典型区小流域监测重点站和万州典型生态环境监测重点站。

（1）长江上游典型区小流域监测重点站：监测站近几年的监测结果基本可满足建设目标，但相关监测内容之间缺乏有效的关联，并且已有监测都为人工监测方式，未设置在线监测方式，无法实现从机理上阐述坡面面源污染的迁移转化及连续时段的监测值。基于此，在后续规划中，应适当地补充相关监测指标、完善监测内容，实现面源污染过程的全方位监测，一方面可为揭示面源污染迁移转化过程提供技术支撑；另一方面通过分析关键环节的关键参数，为后续相关工作奠定数据支撑。同时，通过提升监测手段与技术、改善监测站试验条件，可以快速高效、准时、实时地提供监测数据，避免数据滞后性，规避数据延迟引发的水环境问题，相关监测数据可为三峡库区水环境安全与水环境风险预警提供有效的技术支撑。各监测站基础设施与现代高新技术发展背景下的现代化在线监测站点的距离还很大，主要表现在：监测站点气象、水文、水质相关监测设施还比较传统，相关设备需要升级，监测站实验室用地面积不足，不能满足高效监测工作的需要，监测站人员的办公条件较差。

（2）万州典型生态环境监测重点站：长期以来，由于监测范围较大，基础设施和监测设备趋于老化，水环境监测任务存在一些客观的难题和问题，亟待解决，主要表现为：①由于监测范围广阔，重点监测流域距离较远，雨季到来后，样品和数据采集量较大，工作人员来回跑动，不仅劳力、费时，还会给样品的及时保存和测试分析带来误差。②各类数据均采用人工采集、整理和分析，而监测信息量较多，监测系统庞大，传统的数据统计手段容易造成数据库结构分散，整体性不足，查阅和提交成果的综合性不高。③人工采集和整理的数据多以书面材料进行分析和上报，这给综合管理带来难度，并且各个台站之间的信息交换、数据融合程度较低，远程协调较难，应急管理能力滞后，监测信息提供给决策层的支撑性不足。

b. 库区富营养化在线监测

三峡工程蓄水后，从干流水质监测来看，库区干流水质总体稳定，水质符合Ⅰ～Ⅲ类水标准。然而，水库面临的主要水环境问题是日趋严重的支流水体富营养化和水华问题。长江流域水环境监测中心数据表明：①与蓄水前相比，三峡库区支流水体的水质总体有所下降。蓄水前支流水体总体水质尚好，水质劣于Ⅲ类的支流仅占 11.1%，蓄水后，在实施监测的 28 条河流中，水质劣于Ⅲ类的占 57.1%。②三峡库区支流营养状况以中-富营养状态为主，达到中、富营养状态的支流分别占监测支流总数的 46.4%、42.9%。③系列监测结果表明，继 2003 年 6 月首次在三峡水库发生水华后，支流库湾水华发生频率呈增加趋势，范围也有所扩大。据不完全统计，2003 年累计发生水华 3 起，2004 年发生 16 起，2005 年发生 23 起，而 2006 年仅 2～3 月就发生十余起，累计 27 起，2007 年发生 26 起，2008 年发生 19 起，2009 年发生 8 起。2013 年的监测结果也显示，香溪河、大宁河、小江、朱衣河、御临河、神农溪等支流相继暴发水华。2014 年前期监测发现，神农溪暴发为期四十余天的蓝藻水华，引发广泛关注。从水华趋势变化看，蓄水前，库区支流未发生水华；水库蓄水后，库区支流水华类型总体上呈现由河流型硅藻类向湖泊型蓝藻、绿藻的演变趋势。

目前相关监测系统已经建立并运行，但主要依靠人工现场取样、实验室分析、人工处理得出的数据再逐级上报，周期比较长，提供信息过程较缓慢，还不能完全适应三峡工程的管理需求及应对突发事件的快速响应需求。同时，部分重要支流未有监测断面。例如，磨刀溪是三峡库区右岸较大支流（库容 3.46 亿 m^3，回水区长度 31.5km，回水区面积 10.4km^2），属于富营养化易发的流域，流域处流经场镇少，点面源污染强度较低，水华形成主要受回水区水文水动力特征影响，但尚未设有监测断面。

在线监测是未来水质监测的一个重要发展方向。在线监测在数据的获取及水质信息实时性和连续性方面的优越性无可比拟；此外，使用自动化的监测仪器可以有效减少人力成本的投入。通过对富营养化在线监测系统的建设，可初步形成三峡水库富营养化远程监控及预警预报体系，提升各基层站对支流富营养化的实时监控能力，能较好地弥补人工监测存在的时效性不足的缺陷。

c. 污染源在线监测

污染源在线监测的主要问题和建设需求体现在船舶流动污染源监测重点站、农业化肥面源污染监测重点站、秭归典型生态环境监测重点站。

（1）船舶流动污染源监测重点站：当前，船舶流动污染源监测以人工采样为主。由于船舶的流动特性，采样往往在船舶进港后实施。因船舶进港后，发动机处于怠速状态或熄火状态，测定船舶废气、排放物等污染物显得尤为困难，这导致监测数据往往代表了污染物终端状态，过程状态不易监测。实行流动在线监测，可很好地解决这一问题。流动在线监测可通过无线电等设备对污染物排放进行实时监测，对船舶污染物排放实现全过程监测。近年来，三峡库区船舶的注册数量在 8000 艘左右，监测样本按 5%～15%抽取，目前定为 450 艘船舶。由于在线监测设备投资高、运营管理费较大，在监测样本比例的基础上分别进行优化。拟对客船、货船、非运输船和拖轮按五种不同功率分别进行抽样，共计 20 种船舶。根据《三峡后续工作规划》拟初步实现船舶废气、含油污水、生活污水、噪声的在线监测，船舶废气能测定 SO_2、NO_x、烟度及颗粒污染物；含油污水能测定水中石油类浓度；生活污水能测定水中悬浮物、COD、BOD、TN 和 TP；噪声按规范要求测定船舶运行对航道两侧敏感目标的影响程度。

（2）农业化肥面源污染监测重点站：面源污染监测的根本目的是在调查和监测的基础上，掌握农业生产生活所产生的污染对库区水质污染的贡献率，为库区农业结构调整和面源污染治理提供支撑，仅靠目前的工作手段较难实现上述目标，且代表性区广，较为分散，开展流动在线监测可较好地解决这一问题。

现有的监测仅限于对种植业源的农药、化肥所产生的污染监测，缺乏生活源和畜禽养殖业源的污染监测。现有监测为对每次降水后产生的径流进行采样监测，监测周期长、耗费人力物力大，对采样人员、监测人员的责任心和技术要求高，依靠目前的经费状况和人员技术力量很难保障每次监测工作的准确性。并且采样、样品保存、送样、监测等环节过多，一个环节掌控不好，极易导致监测结果出现偏差。现有方法监测的是种植业源污染物以地表径流形式流出田块时的通量。而污染物在农田中产生后，其迁移路径为坡耕地、水田、沟渠系统，最后以小支流汇入库湾中，污染物在迁移过程中经过农田及沟渠系统，污染物都会消减，因此在出水口进行在线监测，能更准确地把握农业面源污染物入湖入库的通量和季节变化规律。

因此，需要选择一些具有代表性的区域，涵盖农业种植、养殖、生活等多种污染源，对区域的汇水水质进行在线监测，同时结合调查工作，则可以较为快捷、准确、科学地掌握面源污染产排状况。目前，此项工作尚未开展，是三峡库区农业面源污染监测的一大短板。

（3）秭归典型生态环境监测重点站：秭归站是长江三峡工程生态与环境监测系统在三峡库首以农业生态系统水土环境监测为特色和主要内容的监测站，自建站以来，围绕库首局地气象、坡地土壤养分、水土流失及面源污染等方面开展了大量的监测工作，为有关部门提供了大量的成果数据和报告。该站对于三峡库区典型区农业生态系统的监测，具有涉及范围广、监测指标多、工作内容分散和监测周期长等特点。长期以来，各监测指标的连续监测任务多以常规观测方法为主，每个年度监测合同的工作量都很大，而工作耗时、费力，在监测手段和获取数据效率方面急需加强和提高。基于物联网的远程实时监测技术的发展为该站监测能力的升级提供了有效的手段，建设一套完善的在线监测系统对秭归站现有监测系统有很大的完善和提升。

但是，农业化肥面源污染监测重点站在客观技术条件上是处于劣势的。由于土壤生态系统监测的学科特点，目前国内尚未有成熟的在线监测方案，而对部分监测指标，如土壤物理性质、土壤全量养分、重金属等在原理上是不能完全通过在线监测来实现的。在线监测硬件的组网和数据通信方面，国内已有非常成熟的技术，通过电信移动网络即可实现监测数据的远程传输和实时获取。而对于获取在线监测数据的核心硬件传感器而言，国内在传感器产品的稳定性、准确性和可靠性方面与国外有很大差距，各种国产传感器产品质量参差不齐，大多数生态监测使用的传感器硬件仍依靠国外的产品。国外的在线监测传感器和集成系统技术相对成熟，但购置价格较高，后续集成开发都比较困难。因此，在三峡库区利用现有成熟监测技术建立一套适合于野外站点的在线监测系统仍需克服一些技术上的困难。

d. 分区入库污染物总量在线监测

（1）三峡库区水资源保护管理是一项非常庞大的系统工程，点源、面源和流动污染源均需有效控制。已有的监测系统站网与三峡水库成库后的监测要求不适应，其原来主要针对排污口部署，可量化点源污染，无法量化面源和流动污染源；缺乏分行政区水系入口和出口边界的水量、水质及底质监测，也就无法通过计算获取各行政区的实际入库污染物（含点源、面源和流动污染源）总量和分布特征等数据。同时，监测站网存在着测站功能单一、站点密度不够、监测能力不足、监测内容不全等方面的问题，监测站点有待进一步充实、调整和完善；水质、水量监测站点布设不足，难以掌握库区入库污染物总量和分布特征；水质自动监测站偏少，不利于实时监控库区水质变化情况。

（2）水利部长江水利委员会水文局、重庆市水文水资源勘测局作为三峡库区水质监测的主要机构，其水环境监测能力相对薄弱，采样手段、仪器设备、实验室建设、数据传输等比较落后，不能完全满足库区水环境保护的要求。

（3）已有监测系统的监测数据应用单一，数据处理简单，数据质量不高，并且各子系统间的数据缺乏统一的存储和管理，使得以信息数据为支撑的统计分析工作滞后，特别是综合分析能力薄弱，影响到国务院三峡办和有关部门对库区水生态环境变化的宏观把握和及时反应。

鉴于以上各方面的不足和三峡水库水质保护的需求，为了更迅速、更准确地采集、传输和处理三峡库区大量的水量、水质数据和相关信息，及时掌握三峡库区水质的变化及各行政区入库污染物总量，评价各行政区治污减排成效，为三峡库区水库水资源保护、水质保护与管理服务，在现有库区监测站网的基础上，在朱沱水文站、武隆水文站、嘉陵江干流武胜、嘉陵江支流渠江罗渡溪、涪江小河坝开展分区入库污染物总量在线监测，结合人工监测、巡测和大范围监测，建设三峡水库分区入库污染物总量监测系统。

2）生态与生物多样性在线监测的主要问题和建设需求

a. 农业生态在线监测

三峡库区生物多样性极其丰富，这些物种是我国粮食遗传育种和生物技术研究的重要植物资源，是国家可持续发展的战略资源，对保障我国粮食安全和生态安全具有十分重要的意义。但在实践中，缺乏对农业野生植物资源的地理分布、生态环境、保护价值、濒危状况等信息的详细掌握，更缺乏对农业野生植物资源长期的动态监测，故无法对其发展趋势做出及时准确的分析和预测，从而导致农业野生植物资源的保护措施往往缺乏科学的数据支撑，对农业野生植物资源无法做到及时和针对性的保护。同时，三峡库区适宜的气候条件也助长了一些危害严重的外来入侵物种的疯狂蔓延，包括加拿大一枝黄花、水花生、水葫芦等在库区都有大面积分布，这些入侵物种对库区的生物多样性造成了极大危害，同样需要严密监控。

农业生态环境监测重点站每年都会对库区已发现的珍稀物种资源生长地和外来物种扩散地开展实地调查，人力物力耗费巨大，而且受季节影响，不同物种有不同的生长旺盛期，仅靠重点站每年一次的调查工作很难准确掌握这些物种的生长状况，需要开展实时在线监控，以便快速、准确地掌握这些物种的种群数量、分布面积及扩散情况。

b. 陆生生态在线监测

目前陆生生态监测采用的是传统的野外调查的方式，但单纯的传统野外调查的方式已难以满足《三峡后续工作规划》中要求的三峡库区陆生植物监测的需求，主要表现在以下6个方面。

（1）陆生植物、陆地生态子项及环境，其变化是连续的、渐变的，传统的监测方法没有办法监测到这种连续的变化，因此在环境变动和干扰较大的情况下，也就无法监测到这种连续变化及影响因子，从而也就不能给出陆生植物变化的科学合理解释和建议。

（2）目前陆生植物监测重点站的监测频次低、任务不固定，支持力度小，无法获取稳定、连续的数据，导致对突发和短期生态灾害的监测及陆生植物的一些常态变化的数据缺失，难以进行综合与集成分析。例如，由于全球变化的影响，极端气候现象和地质灾害频发，这对植被组成、演替及生物的生存发展造成极其不利的影响，而这种影响通过现有的植物群落监测内容和方式很难监测到。

（3）需要掌握库区陆地生态的综合与集成信息，以便能够实时管理和对库区发生的生态事件快速响应，这种综合信息不仅需要陆生植物监测指标的连续变化，而且对数据精度和数据量也有更高的要求，更需要与其他重点站的监测数据相结合进行模型模拟与综合分析，目前的监测不能满足此项要求。

（4）目前的监测手段由于投入低，能力建设跟不上，已有的设备大多不具备自动在线监测的功能，难以和国际同行监测与研究接轨。为了使监测数据更科学、合理，并在国际上具有可比性，在《三峡后续工作规划》中，推行了在线监测的方式，而库区陆生植物现有的监测方法、指标和频次难以和在线监测对接，无法满足三峡后续工作的要求。

（5）在森林生态效益监测方面，目前库区的森林生态效益监测体系基于小范围的研究多，基于整个库区研究的较少；研究理论与方法较多，具有指导性、应用性的规范标准较少，不能很好地应用于生产实践；森林生态子项服务价值评估体系混乱，存在概念不清、计算方法各异等问题，评估结果相差很大，争议也较大；基于历史数据研究的多，基于在线监测数据研究的少。

（6）在森林灾害监测方面，从森林资源监测重点站建站开始，就开展了监测，也是国务院三峡办与森林资源监测重点站签订合同的内容之一。但是，目前主要是对森林灾害历史数据的统计，在线监测非常缺乏。从传统的森林火灾监测方法来看，主要有地面巡护、瞭望台监测、航空巡护、卫星遥感等方法。但是，上述监测方法都具有成本高、效率低、受人为因素影响大的特点。

陆生生态在线监测相较于传统监测方法具有连续采样、瞬时分析、反应迅速和节省人力的优点，因此随着监测工作的深入、监测技术的迅猛发展和管理需求的不断提升，世界各国的陆生生态系统监测已经逐步从费时费力的现场观测向自动在线连续监测的方向发展。应用国际上最新的监测技术和方法，对陆生植物、森林资源进行固定时间和频次的常态化监测，使监测数据更科学、合理，并在国际上具有可比性，保障监测数据的及时性和连续性，使人工监测方式和在线监测更好地对接，更好地与其他监测站的监测数据进行多源分析和比较研究，真正实现库区生态监测网络的联网综合集成分析和研究，是应对库区极端事件、快速预警与反应的重要保证，进而为库区生态安全屏障的构建、生物多样性保障机制等重大生态学问题提供基础数据。同时，也方便水库管理机构获得时效性更强的监测信息，有利于重点站每年监测与研究任务的合理安排，提高工作效率。

c. 湿地生态在线监测

随着长江流域生态经济区社会经济的快速发展，经济社会的发展对湿地流域的生态与生物多样性的监测需求越来越强烈，要求也越来越高，监测能力与需求的差距也带来一些问题。

目前位于洞庭湖的江湖生态监测系统存在如下问题：①覆盖范围较小。目前洞庭湖在线监控系统主要设置在采桑湖管理站、丁字堤管理站和春风管理站，监测范围覆盖不够。②监测设备陈旧过时。目前保护区使用的监控摄像头主要是模拟式，而非数字式，其数据收集过程相对复杂，监控资料清晰度差，无法准确判断监控现场的情况。③在线监测不够全面。目前洞庭湖保护区的在线监测工作主要是针对人为干扰情况的监控，还缺乏全方位的环境监测体系，如水文、气候、土壤等环境因子的监测，无法综合分析发现的问题。同时，在生物多样性在线监测方面也非常缺乏，对于麋鹿和江豚等较大型哺乳动物和鸟类等的 GPS 监测还没有开展。④在线监测数据库欠缺。东洞庭湖保护区目前仅建立了生物多样性监测档案和视频监控数据资料存储系统，没有建立系统的在线监测数据库。

鄱阳湖目前开展了水文、水质、洲滩生态系统要素和物种多样性四个方面的监测，监测方案较为合理，监测内容也较为全面。目前存在的问题主要有三个方面：①监测主要为人工监测方式，在线监测系统非常不完善，尚处在初期建设阶段。②鄱阳湖国际重要湿地范围内水文水质监测断面设置不够全面。水文水质监测断面主要设在鄱阳湖主湖区及入湖河流，鄱阳湖国家级自然保护区（国际重要湿地）内的水文监测断面较少。因此，对于作为国际重要湿地的鄱阳湖国家级自然保护区的监测力度较弱，没有很好地做到对重点区域和敏感区域进行重点监测。③全湖越冬水鸟监测力度有待加强，对于越冬水鸟的栖息动态的掌握有一定的局限性，有必要开展全湖越冬水鸟尤其是白鹤等珍稀水鸟的定期监测，同时还有必要加强对白鹤等珍稀水鸟的视频监测，及时有效地掌握白鹤等珍稀水鸟的栖息分布动态。较为突出的是，现有的监测都是以人工监测方式为主，在线监测比较缺乏，一定程度上影响了数据获取的及时性，难以实时地了解和掌握鄱阳湖区的动态变化，难以满足《三峡后续工作规划》中对湖区生态系统的监测需求。

三峡库区干流城镇消落区和支流消落区监测工作主要由消落区生态环境监测重点站开展。消落区生态环境监测重点站是在 2009 年才开始正式建设和运行，相对其他重点站，其运行的时间和水库消落区形成的时间均较短。同时目前的监测仅限于生物群落部分指标和土壤环境，监测频率低，监测范围小，设备配备不足；在线监测几乎没有开展，一定程度上影响了数据获取的及时性，难以实时地了解和掌握湿地生态环境的动态变化，难以满足今后三峡后续工作对消落区湿地生态系统的监测需求，无法发现消落区大尺度、敏感性问题和突发性生态与生物多样性问题，无法综合分析发现的问题。

对湿地环境的实时监测明显不足，有必要在开展人工监测方式的同时，完善并优化在线监测的内容，更为及时有效地跟踪观测三峡水库蓄水及季节性调节运行过程中水文、水质变化，以及这些变化引起的水域、洲滩等湿地生态系统的关键要素变化过程及生物多样性长期演变过程。通过在线监测与人工监测方式相结合，可以研究保护湿地生态系统功能和生物多样性的对策措施，同时有力推进对典型珍稀候鸟与生态要素关系的研究，实现对库区湿地环境影响的高效及时监测。

d. 水生生态在线监测

经济鱼类和珍稀水生动物的常规监测方式经过十几年的运行，已经很成熟，为三峡工程生态环境保护做出了大量的贡献。但是，由于资金投入和技术发展有限，人工监测方式对重要物种或区域不能采取连续监测，对重要物种的活动规律和重要区域内鱼类资源的连续变化和时空分布的连续变动都缺少关注。而随着技术的发展，在线监测可以连续记录物种或监测区域内鱼类的变化，因此在线监测应作为人工监测方式的补充，纳入监测系统中。目前主要存在的问题有以下几方面。

（1）缺少对中华鲟产卵场和繁殖群体的连续监测，不能全面掌握中华鲟亲鱼在产卵场的活动规律，对于制定中华鲟繁殖群体和繁殖活动的相关保护措施缺少一些基础数据。

（2）缺少对长江上游特有鱼类资源的连续监测，不能掌握年度内长江上游特有鱼类的种群数量和变动特征、时空分布特征，不能为研究其时空分布与环境之间的关系提供足够的基础数据。

（3）缺少对四大家鱼成熟亲鱼繁殖洄游规律的连续监测，对长江上游和中下游四大家鱼等重要经济鱼类的繁殖洄游活动了解有限，如洄游开始的时间、准确的产卵场位置、产卵时间和所需环境条件等，导致生态调度方案制定缺乏强有力的科学依据。

（4）缺少对长江上游特有鱼类、四大家鱼等重要经济鱼类，中华鲟等珍稀鱼类的重要栖息地和产卵场环境条件的连续监测，导致重要栖息地和产卵场环境数据的缺失，造成研究鱼类重要的生活史阶段与环境之间的关系缺少相应数据，生态调度等保护措施的制定缺少基础数据。

在水生生态监测方面，还存在一些需要补充和完善的地方，主要体现在缺少对重要物种或区域的连续监测。由于受资金投入和技术发展的限制，监测主要反映年度之间物种和种群的变化，不能细致地反映年度内或周期内物种活动的规律，对研究物种的重要生活史过程还缺少关注。因此，亟须开展重点站的在线监测工作，进一步地完善和发展监测工作。

3）水上移动监测系统的问题和差距

a. 关于水环境，水上移动监测系统存在的问题和差距

（1）库区移动监测的能力不足及监测范围有限。目前，三峡库区水体移动监测平台仅有“长江水环监 2016”监测船，该船虽然搭载了较为先进的设备且在一定程度上弥补了当前三峡库区移动监测能力的不足，但是由于库区范围广，水环境条件较为复杂，大型城镇集聚区、工业企业密布在库区之中，使得对移动监测的需求不断增大。因此，“长江水环监 2016”监测船具备的监测能力在当前的形势下很难满足整个库区对移动监测的需求。此外，“长江水环监 2016”监测船主要负责对长江干流与主要支流入江口、重点排污口的监督性监测和专项调查、监测技术研究等工作，其监测范围主要集中在长江流域干流。它不能对长江流域的重要一级支流的水环境进行移动监测。因此，针对长江流域的部分一级支流，其移动监测能力仍是空白。

（2）水上移动监测内容有限、指标种类不完善。现有移动监测平台的建造是为了监测水环境。因此，其监测设备和监测指标主要针对水环境。库区环境是一个大气候条件下的综合环境，它包括水环境、生态环境、大气环境等。所以，目前水上移动监测平台对大气、生态等方面的环境监测还不够。此外，库区一旦发生环境事件其影响的不仅是水环境，还

会对大气、生态（生物、动物）都会造成污染或影响。因此，为了实现对库区大环境较全面、准确地监测，有必要通过提升现有的水上移动监测的手段和能力，来不断完善库区水上移动监测体系。

b. 关于空气质量和局地气候，水上移动监测系统存在的问题和差距

目前在三峡库区关于空气质量和局地气候的移动观测还非常缺乏。“长江水环监2016”监测船不具备空气质量观测能力。移动观测具有部署灵活的优势，一方面可以弥补现有沿江有限站点观测能力的不足，发挥其移动平台的优势，对全库区乃至整个长江流域污染物源汇进行掌握和评估，另一方面有利于建立基于长江航道线状排放源的污染物扩散模型。空气质量与局地气候的移动在线观测要素主要集中于以下几个方面。

（1）三峡工程及后续工作对区域气象条件的影响。三峡库区的建成和反季节调水对当地的水汽分布及对成雾、云和降雨量的影响尚不清楚。目前相关部门有报道气象相关参数在三峡工程建成后存在差异性，但是差异性的成因和后果尚不清楚。例如，三峡库区新的水汽分布对雾的形成和消散的机制尚不明确，区域能见度是空气质量的一个重要指标，影响着长江航道的安全和库区的生产生活。雾的形成特征、组成及对三峡库区的生产生活（如航行安全）造成的影响需要评估。

（2）三峡库区工业源排放对空气质量的影响。三峡库区沿江分布着密集的工业园区，这些工业源的排放对沿江人口稠密的港口地区的空气质量造成严重的影响，但是空气质量现状尚不明确，工业园区排放的污染物分布（影响范围）、传输、消散的途径需要进一步研究。因此，需要加强大气环境风险监测、预测预警及应急响应能力建设。

（3）库区排放对局地气候的影响。长江航道、沿江人口密集区域排放的大气污染物中有对局地气候存在直接影响的物质（如黑碳颗粒物、棕色碳颗粒物和温室气体），这些物质可以吸收太阳辐射，改变近地面辐射平衡，影响局地气候气象变化。但这些物质的时空分布和影响亟须明确。

（4）对人类健康的影响。三峡库区沿江的工业排放、生物质燃烧和船舶排放对人口密集的沿江城市的人口健康的影响需要进一步研究。

3.2.5 遥感监测系统的主要问题和建设需求

在三峡后续工作阶段和长期运行期间，为了应对大尺度、敏感性问题和突发性问题，从宏观上满足综合管理和实时管理的要求，需在原有监测工作的基础上，增加遥感监测。

遥感监测作为一种先进的监测技术手段，具有覆盖面广、记录信息丰富等优势，可以快速高效地获取生态环境、水环境、人类活动和地质灾害等监测指标，可与其他监测系统相互补充，可为三峡库区生态环境保护、水环境保护、岸线管理、地质灾害防治等决策提供高效、科学、客观的数据支撑。

近年来，随着遥感技术的进步和发展，涌现出一大批先进的仪器设备、技术方法，包括高光谱遥感监测，无人机和浮空器数据采集，北斗卫星通信、移动通信、无线通信和光通信等数据传输，以及云计算平台、大数据分析等数据处理平台和技术。

无人机遥感综合利用了先进的无人驾驶飞行器技术、遥感传感器技术、遥测遥控技术、通信技术、GPS差分定位技术和遥感应用技术，能够自动化、智能化、专用化、快速地获取国土、资源、环境等空间遥感信息，完成遥感数据处理、建模和应用分析。我国的Quick eye（快眼）应急空间信息服务中心开创了国内无人机遥感和应急应用。Quickeye系列无人机平台已广泛应用于1∶1000、1∶2000成图，以及测绘、应急领域。

中国北斗卫星导航系统是我国自行研制的、继美国和俄罗斯之后的第三个成熟的卫星导航系统。北斗系统的定位精准度达到厘米级。上海北斗地基增强网已与中国测绘院的连续运行参考站（Continuously Operating Reference System，CORS）实现了网间互联，现在正全力推进与气象、环保等其他网站互联，实现信息共享。

已建立的长江三峡工程生态与环境监测系统使用了部分的遥感监测数据作为辅助资料，未形成业务化的常态监测及分析能力。三峡库区尚没有建立系统、完整的遥感监测及分析系统，遥感监测技术手段未得到充分应用。基于遥感技术的三峡库区生态环境动态监测与应急服务，目前仍仅在个别区（县）进行应用，尚缺乏在全三峡库区进行推广应用的软硬件环境与政策支持。

1）遥感监测系统

三峡工程是长江流域关键性骨干工程，其建设和运行管理跨地域、跨部门，十分复杂。实施综合管理，需要有认知、探索和逐步完善的过程，特别需要以科学遥感监测数据为基础，积累完整系列资料，提供科技支撑。

目前实施的长江三峡工程生态与环境监测工作，大多是针对施工期和初期运行期，实施年限为1993～2009年，大多数监测内容和监测经费仅安排至2009年，并未考虑遥感监测的内容。对于三峡工程正常蓄水运用后的监测工作，急需进一步规划和实施。目前在三峡库区尚未建立起遥感监测系统，无法充分发挥遥感独有的技术优势以增强三峡工程综合管理能力。

三峡工程在一定程度上改变了地质、生态环境、社会经济原有的自然平衡。三峡工程初期是工程影响的敏感期、地质灾害多发期，应加强遥感技术在全局性综合监测中的作用，以适应对三峡工程影响发展变化趋势的深度认知和灾害预警的需要。

在三峡后续工作阶段和长期运行期间，为了应对大尺度、敏感性问题和突发性问题，从宏观上满足综合管理和实时管理的要求，需在原监测工作基础上，增加遥感技术手段，扩大覆盖范围，充实监测内容，增强遥感信息集成和综合分析，提升遥感监测能力满足综合管理、实时管理和应急管理的需求。

2）卫星遥感影像

三峡工程于2010年10月试验性蓄水首次成功达到175m正常运行水位，全面发挥防洪、发电、航运、供水、抗旱等综合效益。但也面临着来自库区水质、水沙调控、生物多样性保护、区域生态环境保护等宏观生态环境监测方面的挑战。对于宏观生态环境监测，国内主要利用国外遥感卫星监测技术。受国外卫星技术限制，特别是当灾害发生时不利于应急响应、救灾。目前，在利用自主卫星系统对三峡库区进行大面积生态环境监测方面不够成熟，尚处起步阶段，特别是三峡库区腹地范围内无国内遥感卫星数据接收站，不利于三峡库区生态环境监测和应急生态环境监测管理信息支撑。

3）无人机系统

三峡库区所使用的无人机系统，仍存在图像分辨率过低、飞行时间过短、载荷过低等问题。无人机覆盖区域小，系统监测的指标类型还不能满足三峡库区管理的需求。

3.3 现有监测管理体系概述

3.3.1 现有监测管理体系

1996年，国务院三峡办组织编制完成了《长江三峡工程生态与环境监测系统实施规划》，并根据该实施规划，形成了由环保、水利、农业、交通、中国科学院、中国三峡总公司等多部门和多家单位共同参加的跨地区、跨部门、多学科、多层次的长江三峡工程生态与环境监测系统。

长江三峡工程生态与环境监测系统由监测中心、信息管理中心与若干监测重点站组成。国务院三峡办负责系统的领导、组织与协调及经费投资工作，主持制定和修改生态与环境监测系统的实施规划，委托有关单位对监测系统进行质量、进度和经费监督管理，按阶段或年度部署各重点站、监测中心、信息管理中心及综合分析单位的监测或相关工作实施方案，监督合同条款内容的实施，组织对监测系统内各子系统的监测工作审查和绩效评比，组织技术交流和人才培训，审查年度与专项报告和网站内容等。

三峡工程生态与环境监测系统信息管理中心依托于中国科学院遥感与数字地球研究所，主要通过合同委托的方式承担三峡工程生态与环境监测信息数据的汇交、整编、审查、处理、存储、检索和技术报告档案管理等，为国务院三峡办和长江三峡工程生态与环境监测系统提供信息服务。

监测中心依托于中国环境监测总站，主要负责指导三峡库区生态环境监测工作，编写长江三峡工程生态与环境监测公报。

长江三峡工程生态与环境监测系统由28个重点站组成。重点站选择专业技术实力较强，监测设施较先进、齐全，交通方便，有一定监测能力的单位通过合同委托的方式承担监测任务。根据工作需要，重点站可下设基层站，由重点站负责管理。各重点站的主要职责是根据合同和实施方案，按照国务院三峡办的年度工作计划，制订年度监测计划；对有关监测内容，按统一的技术规范和计划，安排所辖基层站开展监测工作；制订本站监测技术规定和实施细则；建立监测质量保证体系；对基层站实施监督管理和技术指导，审核基层站的监测资料，组织技术培训；负责监测资料的整编工作，编制各种监测成果图表；对监测资料进行分析研究，开展专项生态环境质量评价及趋势预测工作；建立监测数据管理系统；按合同要求定期报送成果；承担国务院三峡办按合同规定的其他有关工作。

重点站下设的基层站是长江三峡工程生态与环境监测系统的基本操作单位，其主要职责是：根据所属重点站的年度或阶段性监测计划，按照统一的监测技术要求规定的监测时间、监测内容、监测频率在本站范围内开展监测；及时准确地向重点站传递监测数据；并按统一的技术规定进行监测资料整理，提交监测成果，保证成果质量，接受重点站的检查与指导。

3.3.2 现有监测管理体系的主要问题和差距

在三峡工程建设期，不同部门建立了多个监测系统，采用常规方式、在线、遥感等不同技术手段，分别执行有关部门的行业规范和技术标准，开展了枢纽运行安全监测、库容和岸线监测、移民安稳监测、地灾地震监测、水环境监测、生态环境监测。但现有体系缺少对敏感因素的连续、快速、可视化监测，多影响因素监测，以及宏观遥感监测。缺少集宏观、微观及天地空一体的综合监测指标体系和综合监测、分析组织体系，直观、综合、快速的感知、认知能力不足。

现有的监测管理工作已暴露出部门、专业和地区间信息传递不及时，监测手段和信息化程度相对落后，信息服务和决策支持力度欠缺，信息反馈不及时，综合反应和重大事件处置中多方协调及资源综合利用能力仍显不足。由于缺乏综合分析和在线监测能力，监测系统本身作为一个整体的优势和功能无法充分发挥出来，为三峡工程生态与环境保护管理与决策提供全面服务的作用也大打折扣，这已经成为系统整体工作流程中极为薄弱的一环，严重制约了监测系统的发展。目前的监测管理体系主要存在以下问题。

（1）亟待建设综合信息服务和管理决策支持系统，统筹协调跨地域、跨部门、跨专业的三峡工程监测工作。现有生态与生物多样性监测信息以重点站为单元进行汇总、整理、分析，局限于各重点站的监测数据和成果，各成员单位的分析工作远没有跟上实际监测的步伐。对生态与生物多样性整体现状与变化的综合分析更是非常缺乏，监测系统中能够将各重点站监测数据结合起来进行综合分析并得出监测结论的少之又少，难以应对社会关注的敏感问题和系统性问题，难以支撑综合信息服务与管理决策支持系统。

（2）亟待建立满足三峡工程综合管理需求的、统一的监测指标体系和标准规范。在三峡工程运行期，三峡工程管理工作的重点是提高综合管理能力，确保三峡工程长期安全运行，充分发挥工程综合效益，建设和保护生态环境，防治地质灾害，促进移民安稳致富，实现水库可持续综合利用。三峡后续工作综合管理的复杂性要求加强对监测数据的综合分析。需要在加强各监测指标数据的统计分析能力基础上，完善人工监测方式、在线监测、遥感监测于一体的综合分析指标体系，建立各类监测信息汇集、存储、分析、处理的综合信息共享平台和机制。为此，首先就要建立满足三峡工程综合管理需求的、统一的监测指标体系和标准规范。这是实现各共建单位互联互通、信息共享、安全运行的前提和基础。

（3）亟待建立满足三峡工程综合管理需求的在线监测中心和信息中心。目前的在线监测，站点覆盖范围有限，监测内容和指标少；遥感监测基本没有形成业务能力；监测数据收集、存储和分析的信息化程度低，数据获取、输入、整理、统计、分析、结果输出等耗时过长，难以及时提供数据信息满足决策支持需求。在三峡工程后续工作阶段和长期运行期间，为了应对大尺度、敏感性问题和突发性问题，综合管理工作的时效性要求增强在线监测和信息处理能力。以信息实时采集、实时处理、实时分析和实时决策为支撑，为国务院三峡办等国家有关部门的实时管理和重大决策提供科技服务，保障三峡工程长期安全运行和综合效益持续发挥。

3.3.3 监测管理体系建设需求

在三峡后续工作阶段和长期运行期间，为了满足综合管理、实时管理和应急管理的需求，对现有监测管理体系建设提出了更高的要求。

（1）综合管理目标的拓展和提升要求构建综合监测体系结构，需针对性地提高监测能力，补充和完善监测工作，建立综合监测体系，补充多影响因素监测，完善监测指标。针对水环境、生态与生物多样性、局地气候等专业监测领域依托现有监测重点站设立中心站，对相关站点的监测数据进行领域内的专业性综合分析。

（2）综合管理工作内容的扩充要求全面加强监测系统对三峡工程管理的服务功能。围绕后续工作管理需求，加大监测站网的时空密度及监测项目的覆盖面；进一步调整与优化监测站点布局，完善监测系统的组成和形式；监测要做到不缺项、不重复及同步化和系列化。

（3）综合管理工作的时效性要求在库区腹地建立在线监测中心，增强在线监测和信息处理能力，增加对敏感因素的连续、快速、可视化监测。需要在原监测工作的基础上，提高实时监测能力、充实监测内容、优化站点布局、扩大覆盖范围。把管理实时性要求高，涉及安全、稳定等敏感因素的监测指标纳入在线监测范围，加强对突发事件的应急跟踪监测，增强信息集成和综合分析，实现数据的快速处理、综合分析、可视化展现和应用服务，达到快速反应、及时处置的目标，满足综合管理、实时管理和应急管理的需求。

（4）综合管理工作的复杂性要求建立统一的监测指标体系和标准规范，加强对监测数据的综合分析，建立综合监测指标和标准体系促进信息综合利用，提高感知和认知能力。由于三峡工程管理的重要性和运行环境问题本身的复杂性，需要在加强各监测指标数据的统计分析能力基础上，完善综合分析指标体系，建立各监测信息汇集、存储、分析、处理的综合信息共享平台和机制。监测指标体系和技术标准规范是三峡工程综合监测系统实现各共建单位互联互通、信息共享、安全运行的前提和基础。国内外大型监测系统成功应用的实践证明，现代化监测系统建设必须有标准化的支持，尤其要发挥标准化的导向作用，以确保技术上的协调一致和整体效能的实现。由于三峡综合监测系统是国内少有的涉及多个政府部门、多种重点业务、面向三峡库区和长江中下游的大型监测系统，在该系统设计和建设过程中，必须加强标准化建设，发挥标准化的指导、协调和优化作用，少走弯路，提高效率，确保系统运行安全，发挥预期效能。

（5）综合管理工作的正常开展要求建立稳定的监测保障机制。三峡后续工作涉及多部门、多专业，时间长，情况复杂，需要根据工作需求，完善监测工作管理制度，建立组织分工、信息安全、建设资金等方面的保障机制。

3.4 项目建设的意义

党的十八届三中全会通过的《中共中央关于全面深化改革若干重大问题的决定》明确提出，“全面深化改革的总目标是完善和发展中国特色社会主义制度，推进国家治理体系和治理能力现代化。”之后，国家加大了项目实施过程和效益的监测评估力度。2014 年 3 月，中共中央、国务院印发的《国家新型城镇化规划（2014—2020 年)》，要求“加快制定城镇化发展监测评估体系，实施动态监测与跟踪分析，开展规划中期评估和专项监测”，以顺应城镇化发展态势，推动规划的顺利实施；2014 年 6 月，《国务院关于促进市场公平竞争维护市场正常秩序的若干意见》（国发〔2014〕20 号）指出，要“加强对市场行为的风险监测分析，加快建立对高危行业、重点工程、重要商品及生产资料、重点领域的风险评估指标体系、风险监测预警和跟踪制度、风险管理防控联动机制”，进一步肯定了对重点工程加强监督评估、强化风险管理的重要作用。

依据国务院三峡办在后续工作的组织实施、综合协调、监督管理的管理职能，建设综合监测体系对全面掌握动态信息，提升管理水平和能力，提高决策效率，加强监督评估，强化风险管理，推进治理体系和治理能力现代化具有重要意义。

（1）强化国务院三峡办对三峡工程的综合管理效能，促进中央和地方需求有机结合。三峡工程综合管理内容多，措施涉及面广，资金来源渠道多样（中央、地方配套等），政策性和综合性强，需要建立监测评估机制，识别管理措施的综合成效，强化监督管理，促进各方需求有机结合。建设综合监测体系，掌握三峡工程管理各种资源要素的情况，分析各项管理措施的适宜性及其与三峡工程综合管理的关联性，促进管理措施与库区经济社会发展现状紧密结合，保障后续工作规划目标的全面实现。

（2）及时反馈管理措施执行信息，掌握各项管理措施落实情况，提高各项措施实施力度和效率，促进后续工作规划目标全面实现。《三峡后续工作规划》是在特定区域、具有特定目标、解决特定问题的专项规划，规划项目实施区域重点在三峡库区和生态屏障区内，同时兼顾长江中下游影响区，既不是独立完整的行政管理单元，也不是政府统计的独立单元，难以有针对性地全面反映规划措施效用。依据规划，构建监测指标体系和标准规范，建立和完善监测系统和技术系统；采集规划实施影响的第一手信息，加强规划实施过程管理，及时反馈规划实施过程中出现的矛盾、问题、风险及实施成效，促进后续工作规划目标全面实现。

（3）评价各项管理措施对三峡工程管理、库区生态环境保护和建设及社会经济发展的实际效果，为优化项目和年度方案安排提供基础依据，促进提高资金使用效益。建立综合监测体系，通过采集三峡工程运行、地质和生态环境变化、人民生产生活状况等基础信息，分析评价各项措施对促进移民安稳致富、生态环境建设与保护、地质灾害防治、拓展三峡工程综合效益等方面的实际效果，分析两者间的相关性，运用监测系统结果反馈优化项目和年度方案安排，把有限的资金用到刀刃上，提高中央补助资金的使用效益。

（4）积累实施过程中大量的基础信息，为评价规划目标实现程度、规划项目验收、绩效评价等提供基本资料和信息支持。根据《三峡后续工作专项资金绩效管理暂行办法》规定，对三峡后续工作规划项目实施成效及目标实现程度进行绩效评价。

（5）应用先进技术，满足监测成果时效性和准确性，提高综合分析能力和信息化水平。三峡工程管理的重要性和管理问题的复杂性，以及人们认识水平的不断提高，对监测成果的时效性、准确性要求也相应提高。原有的监测设施和手段不能完全实现实时、快速监测，需要利用先进的信息技术，通过对监测信息的采集、传输、处理、分析、存储、展现、共享与应用，提高对移民群体的感知与认知能力、与各地移民局的沟通与协同能力、对事务的分析与决策能力、对事件的快速反应与处理能力等，全面提高管理效率。同时加强综合分析能力，提高监测信息的完整性和序列性，为科学认知、风险防范、管理决策提供基础信息支撑。

4 三峡水库水环境在线监测系统总体建设方案

4.1 建设原则和策略

（1）定位明确、导向清晰原则。根据《三峡后续工作规划》及各项专项规划要求，系统评估长江三峡工程生态与环境监测系统中水环境子系统的构成、现状及其存在的问题，明晰三峡水库水环境在线监测系统在三峡工程综合能力建设体系中的定位与作用，梳理水环境在线监测系统的需求导向。

（2）功能整合、完善并举的原则。充分发挥当前三峡库区水环境监测站点设施设备的作用，整合现有设施设备功能；针对三峡工程运行期的新情况、新问题，及其对监测系统功能的新要求，调整、补充和完善系统功能，新增必要的监测站点，完善监测内容与指标，提高综合监测能力。

（3）兼顾全面，突出重点的原则。围绕三峡库区水环境保护的总体目标，结合综合能力建设需求和水环境在线监测系统的功能定位，统筹兼顾，对水环境在线监测系统的站点、指标、手段等进行系统规划。结合综合能力建设中水库管理需求的优先等级，明确水环境在线监测系统实施的轻重缓急，突出重点、有的放矢。

（4）多层级布点、多目标监测、高度集成的原则。根据三峡水库水生态环境系统的特征和已积累的三峡水环境生态过程科学认知，对三峡水库水环境在线监测系统采用多层级布点；结合不同点位的功能与定位要求，优化三峡水库水环境在线监测系统的指标体系，并确定满足多目标监测的具体监测手段。在此基础上，对监测布点与指标体系进行系统集成，形成三峡库区系统、完整、优化的三峡水库水环境在线监测网络。

（5）可操作的实施分期与项目设计原则。结合三峡水库水环境在线监测系统规划的站点、指标、手段等监测方法，统筹安排、优化三峡水库水环境在线监测系统规划的分期实施方案，明确系统运行维护管理具体技术途径与措施；结合国务院三峡办项目管理要求，以三峡水库水环境在线监测系统规划实施为主线进行项目设计与组织。

4.2 需求调研分析

4.2.1 与政务职能相关的社会问题和政务目标分析

三峡水库作为国家层面的重要战略水资源库，涉及多个水体功能，由不同的部门管理不同的水体功能，但总体目标是保护三峡库区水环境安全。三峡库区目前比较受关注的社会问题是库区水环境污染事故造成较大的社会与环境问题，如库区渔业污染事故或者渔业船舶造成水污染事故、跨界污染、水源地污染等。

针对三峡库区的发展目标和社会问题，国务院三峡办及各水环境政务职能部门对三峡库区水环境制定了相关的政务目标。

（1）组织提出三峡水库管理的有关制度，协调三峡工程建设期三峡水库的管理工作，就三峡工程重大问题与有关省、直辖市和中央有关部门进行协调。

（2）研究协调三峡枢纽运行管理体制和三峡工程综合调度方案的有关工作；研究三峡水库管理的有关制度，协调三峡工程建设期三峡水库的管理工作；研究提出三峡水库水、土（含消落区）、岸线资源管理和移民后期扶持的政策建议。

（3）参与协调三峡库区生态建设和环境保护、泥沙研究工作，具体组织三峡工程生态环境监测和三峡枢纽概算中安排的坝区以外生态建设、环境保护科技攻关工作。

（4）不同职能部门，如环保、水利、渔业、渔政等，各司其职，负责三峡库区干支流水体水资源的合理开发、利用、节约和保护，加强水污染防治工作，实现三峡库区水资源的可持续利用。

（5）协调并推动三峡工程移民外迁、对口支援、经济技术协作、生态建设、泥沙研究等方面的工作。

（6）现有技术力量为三峡库区生态安全预警预报提供参数，为三峡库区移民安稳及社会经济发展提供决策依据。

目前，在政府水环境管理部门、国务院三峡办、科研机构、社会等多个需求下，解决现有水环境监测技术水平与水环境管理的社会问题，需要通过提升水环境多指标集成的在线监测系统的建设和实施，可实时、直观、形象、全面表现主要水功能区及水体断面的水量水质、支流富营养化、污染源、饮用水质安全的情况，为业务方提供强有力的技术支持服务。例如，对于预警水华产生，目前主要依靠人工监测数据进行模型预测，采用遥感数据进行水华排查。在时间序列方面，在线监测具有较大的优势，可以及时对水华进行监控，提前进行预报，进而可以减少人力和物力。综合在线监测和常规监测可以提升目前水环境政务职能，解决目前存在和潜在的水环境问题。

4.2.2 三峡水库水环境在线监测系统业务功能、业务流程和业务量分析

三峡水库水环境在线监测系统可以服务于水环境管理部门，如生态环境部门、水利部门、渔政部门、农业部门、交通运输部门等，还可以为规划、科研等部门提供不同目标和层次的业务服务。并且在网络环境下，各种工作可以同步进行、共享相同的信息资源。三峡水库水环境在线监测系统包括分区入库污染物总量管理、库区富营养化管理、污染源监督管理、水库纳污能力核算及入库排污口监督管理等信息系统。该系统汇集了相关的监测信息和管理信息，为实时处理、实时分析、实时展现、快速决策、科学管理提供信息支撑。

（1）分区入库污染物总量管理信息系统。该系统以三峡库区水系边界与行政区边界叠加所形成的“闭合圈”为管理单元，并考虑相邻行政区位于水系上下游、左右岸的情况，对三峡库区范围内的省际边界进出口断面及县际边界进出口断面开展常规水质水量监测及底质监测，并以此为基础计算“闭合圈”区域的入库污染物总量，实现分区（分省市、分区县）、分时段计量入库污染物总量，做到界定现状、记录变化、评价效果，

为监督考核地方政府的治污减排成效提供依据和信息支撑。

（2）库区富营养化管理信息系统。该系统汇集了三峡库区重要支流和库湾的水环境在线监测信息，以及水华发生时间、持续时间、发生地点及其影响范围，水华种类等长序列数据和相关管理信息，为三峡水库富营养化和水华防治管理提供信息支持，从而可以及时对水华事件进行监控，提前预报，进而减少人力和物力。该系统实施后，能够显著提升重点站对支流富营养化的监控能力，为水资源、水环境保护和管理提供决策依据。

（3）污染源监督管理信息系统。该系统汇集了三峡库区主要点污染源、面污染源和流动污染源的监测信息和相关管理信息，统计分析计算各类污染源负荷量及其分布规律，为三峡库区污染源综合整治和水资源保护提供依据。

（4）水库纳污能力核算及入库排污口监督管理信息系统。该系统汇集了三峡库区干支流、重要生活饮用水水源地、近岸污染带水质、水文及底质，以及重点入库排污口的同步监测数据，以及水功能区域的负荷分配及纳污能力等相关管理信息，为保证水质安全、控制污染物排放总量提供信息支撑。

4.2.3 三峡水库水环境在线监测系统功能和性能需求分析

在三峡后续工作阶段和长期运行期间，为了应对大尺度、敏感性和突发性问题，满足综合动态管理更高的要求，需在原监测工作基础上，完善专业监测系统，提高实时监测能力，充实监测内容，优化站点布局，扩大覆盖范围，增加在线监测，增强信息集成和综合分析，建立保障机制，构建综合监测体系，满足综合管理、实时管理和应急管理的需求。

根据三峡工程生态环境建设的总体目标，通过不断完善现有基础设施建设，持续提高在线监测能力，使三峡水库水质为各部门、各研究机构提供具有国内一流水平的水生态环境科学观测和实验研究的技术平台。

三峡水库水环境在线监测系统能力建设主要用于饮用水水源地水质安全在线监测、水文水质同步在线监测、库区富营养化在线监测、污染源在线监测、分区入库污染物总量在线监测 5 方面。

对于近期三峡水库水环境在线监测而言，主要存在如下需求。

1）丰富水环境监测内容的需求

目前，三峡库区具备水环境在线监测的基层站点较少，仅为 10 个，难以满足三峡库区水环境复杂多样的监测需求。需要从分区入库污染物总量、水体断面及重要水功能区水量水质、支流富营养化、生活饮用水水质、污染源等方面完善三峡库区水环境在线监测系统。

2）加大水环境监测时空密度的需求

如前所述，三峡水库水环境监测涉及生活饮用水、水文水质、支流富营养化、污染源、分区入库污染物等多个方面，空间范围广、监测因子众多、类型广泛。同时，众多水环境问题的预测预警与决策支持系统都需要较高分辨率的监测数据作为支撑。然而，有限的基层监测站点布设难以获取高时空分辨率的监测数据，这就需要具有较高监测频率与自动化程度的在线监测系统作为补充。

通过对三峡库区干流重要河段、支流生态敏感区域的在线水质监测，可以促进对三峡水库全区域大尺度的水质动态变化情况的全面掌握，还能实现三峡库区各行政区边界实时断面水量水质情况的监测，以及入库污染物分区、分时段计量，从而有利于强化监督及有效管理三峡水库水质。

3）实时管理与应急处理能力的需求

建设三峡水库水环境在线监测系统是满足监测成果的时效性、提高突发事件应急处理能力的需求。受限于建设水平和规模，原有的部分水环境监测设施和监测手段不能完全实现实时、快速的在线监测，需要引进、研究新的监测技术和方法，调整监测的要素和频率，补充完善在线监测系统，以对三峡工程管理所需要掌握的水环境监测因子，包括对水环境有长期、潜在影响的因子进行连续、实时的监测。此外，结合信息系统建设，可实现水环境监测数据的快速处理、综合分析、可视化展现和应用服务，以达到快速反应、及时处置的目的。

综上，以现有水环境监测基层站点为依托，从在线监测断面、在线监测指标体系、在线监测手段（方法、频率、设备）、在线监测区域布局等方面入手完善库区水环境在线监测系统是水环境在线监测系统的总体需求。

4.3 总体目标与分期目标

4.3.1 总体目标

实时监测水环境的敏感性指标，做好各类水环境的预测预警，提高管理决策机构的实时管理和应急处理能力，最大限度地减轻灾害所造成的损失。

4.3.2 分期目标

近期：结合目前在线监测建设的需求，建设三峡库区干流上水文水质国控断面、重要支流富营养化区域、重要污染源区域、分区入库污染物的省级断面。

远期：建设三峡库区支流水文水质断面、支流饮用水水源地、支流富营养化区域、乡镇污水处理厂和一般工业园区排放口、县级断面、地下水取水点的在线监测系统。将整个长江三峡工程生态与环境监测系统实现在线监测，提高对三峡水库的远程实时监控能力，增强对水环境的预警预报能力。

4.4 总体建设任务与分期建设内容

4.4.1 总体建设任务

总体建设任务：一是对现有监测体系监测设施设备的配置及更新，二是水环境在线监测网络建设。

4.4.2 分期建设内容

近期：建立水文水质同步在线监测、库区富营养化在线监测、污染源在线监测、分区入库污染物总量在线监测 4 个水环境在线监测子系统，包括万州典型生态环境监测重点站、干流水文水质监测重点站、船舶流动污染源监测重点站、农业化肥面源污染监测重点站、秭归典型生态环境监测重点站、分区入库污染物总量监测重点站。

远期：实现三峡库区支流水文水质断面、支流饮用水水源地、支流富营养化区域、乡镇污水处理厂和一般工业园区排放口、县级断面、地下水取水点等在线监测相关设施建设。

4.5 总体设计方案

4.5.1 三峡水库水环境在线监测系统功能定位

三峡库区水环境在线监测系统，面向三峡工程综合能力建设的需求设计、实施与运行，并最终服务于国务院三峡办、水利部长江水利委员会、三峡集团、湖北省与重庆市的应急管理厅（局）、生态环境厅（局）、水利厅（局）等相关地方政府部门，三峡水库水环境在线监测系统的功能定位有以下 5 个方面。

1）饮用水水源地水质安全在线监测

对沿江饮用水水源地水质开展在线监测，实时跟踪饮用水水源地水质变化，确保饮用水水源地水质达到相关标准；实现同上游污染源、水文水质在线监测的联动，在发生突发性污染事件时，可对污染水团或污染带的运移进行实时监控和预警预报，确保饮用水水源地的水质安全。

2）水文水质同步在线监测与评估

对三峡库区水文水质进行同步实时跟踪观测，对三峡水库运行下的水环境质量进行实时评价并对其长期演变趋势进行预测，为三峡水库水环境规划、管理、科学研究、工程治理等提供实时基础数据，支撑三峡水库水质改善与安全保障等国家目标实现，为加强三峡工程生态与环境保护工作提供科学依据。

3）支流富营养化与水华监控及预警预报

对三峡典型支流开展富营养化与水华实时在线跟踪，明确支流富营养化状态与水华形成特征，掌握富营养化与水华形成规律，对富营养化进行有效评估，对水华进行科学预警预报，为开展富营养化与水华防控、治理提供基础信息，确保支流水质安全。

4）污染源在线监测与突发性污染事件的应急监测

对三峡库区重点污染源（岸边、移动）进行实时跟踪监测，跟踪评价污染物入库负荷强度，服务环境监管与执法；在出现突发性污染事故时，可实现与水文水质、饮用水水源地等在线监测的联动，实现对污染程度、量级、时空范围等进行实时跟踪与预警预报，服务三峡水库应急管理。

5）水环境行政区划管理

对入库背景断面、行政区划等关键界面的水文水质情况实现在线监测，满足对区域污染总量控制的实时跟踪观测、服务总量控制管理的相关要求，为未来开展污染负荷实时分配等提供基础支撑。

4.5.2 三峡水库水环境在线监测系统架构

三峡水库水环境在线监测系统由饮用水水源地水质安全在线监测子系统、水文水质同步在线监测子系统、库区富营养化在线监测子系统、污染源在线监测子系统、分区入库污染物总量在线监测子系统组成。

饮用水水源地水质安全在线监测子系统二期建设饮用水水源地水质安全监测。

水文水质同步在线监测子系统一期建设万州典型生态环境监测，二期建设长江上游典型区小流域监测、干流水文水质同步监测、典型排污口污染带监测。

库区富营养化在线监测子系统一期建设重点支流水质监测。

污染源在线监测子系统一期建设船舶流动污染源监测、农业化肥面源污染监测、秭归典型生态环境监测，二期建设工业与生活监测。

分区入库污染物总量在线监测子系统一期建设分区入库污染物总量监测。

三峡水库水环境在线监测系统逻辑架构如图 4-1 所示。

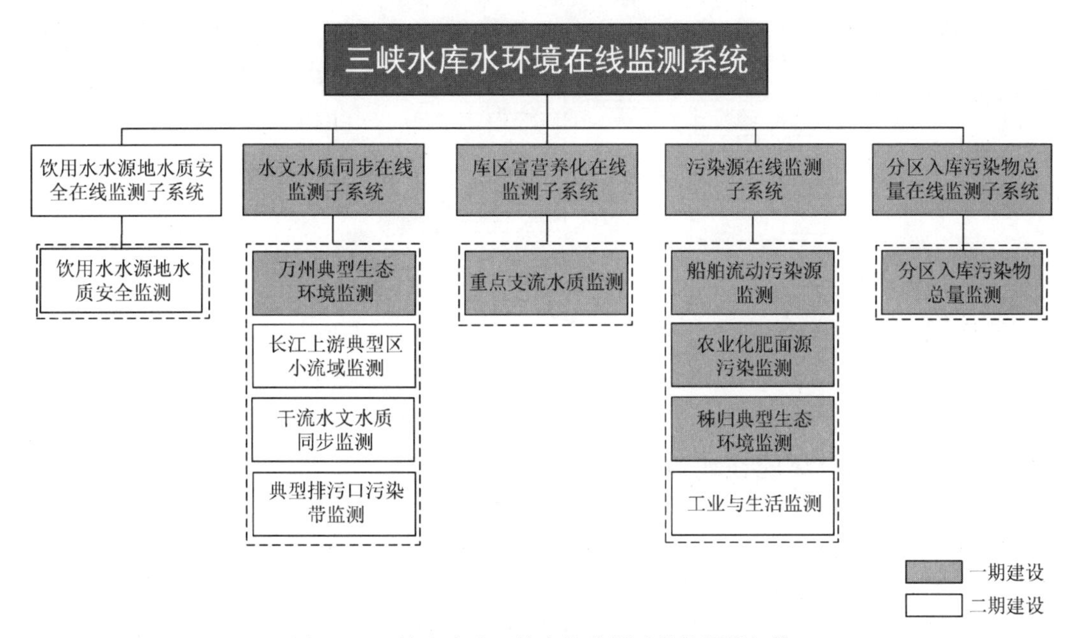

图 4-1 三峡水库水环境在线监测系统的逻辑架构

三峡水库水环境在线监测系统的物理部署数据流架构如图 4-2 所示。基层站点的在线监测数据传输至各自的监测重点站，监测重点站汇聚各基层站点的在线监测数据后传输至在线监测中心，由在线监测中心汇聚后统一传输至各相关机构及管理部门。三峡水库水环境在线监测系统的空间分布图如图 4-3 所示。

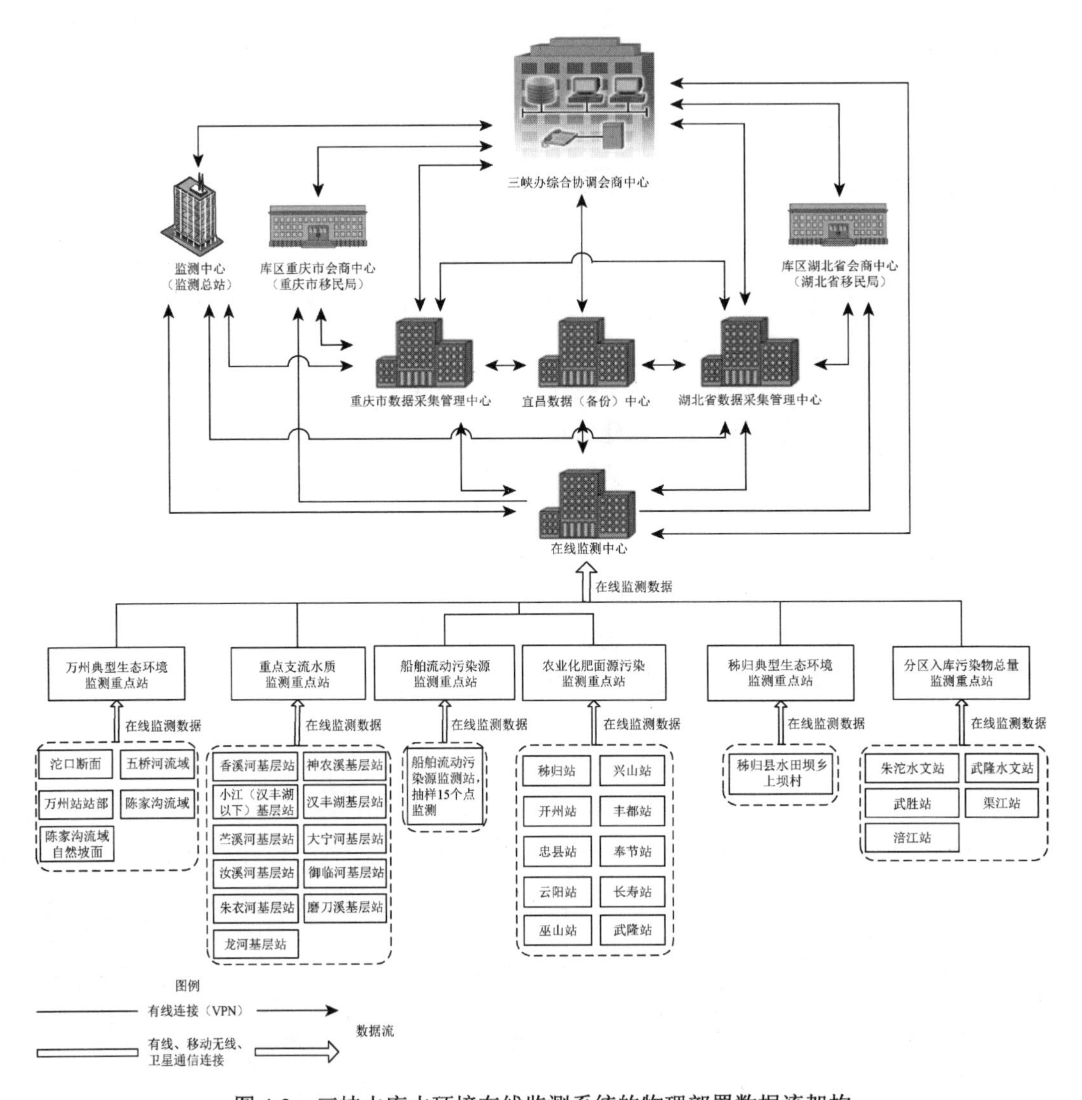

图 4-2 三峡水库水环境在线监测系统的物理部署数据流架构

4.5.3 三峡水库水环境在线监测系统方案

针对三峡库区水文水质、库区富营养化、污染源和分区入库污染物总量等水环境监测要求，结合水质在线监测技术、水质预报模型技术、水质监测点位优化技术、通信网络技术、物联网与互联网技术的发展趋势，实现感知层水质监测数据采集接口的异构数据规范化技术、监测数据的实时网传技术、水环境监测预警系统多模块无缝对接技术、多平台自

图 4-3 三峡水库水环境在线监测系统空间分布图

适应组网技术；数据通信与传输系统同计算机网络系统相集成，构建三峡库区水环境在线监测系统。最终形成由水环境监测传感器系统、信息通信系统构成的多网络水环境在线监测系统，实现三峡工程监测预警业务管理的自动化、信息化、智能化、业务化。

在三峡工程中建成由固定监测站、浮标监测站为主体的一体化监测网络，并在库区干流重要河段、支流生态敏感区域建设智能化水环境监测预警系统监测站，在三峡库区重要断面关键区域建设多平台在线监测站点，在分区总部建成智能化水环境综合监测预警中心平台，实现三峡库区水环境立体智能感知、多种数据远距离传输、有效信息标准规范等水环境监测预警与预报服务功能。三峡水库水环境在线监测系统方案如图 4-4 所示。

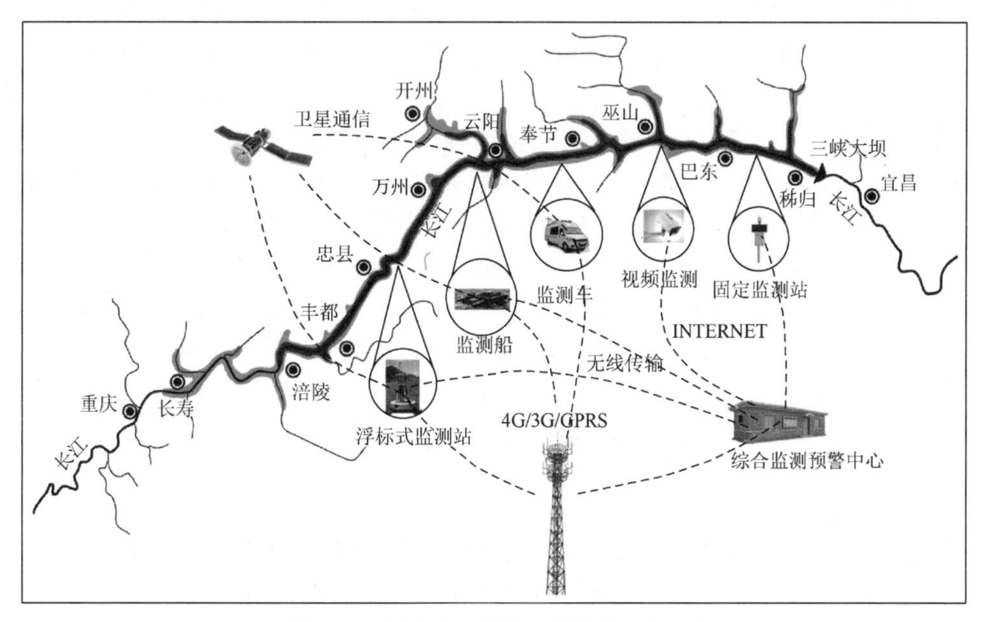

图 4-4 三峡水库水环境在线监测系统方案

三峡水库水环境在线监测系统分解为两个主要单元：水环境指标采集单元和水质视频监控单元。

4.5.3.1 水环境指标采集单元

该单元采集水环境中的水质、大气、生物等环境感知信息指标，主要采用以下几种监测采集单元。

1）固定监测站

需要长期监测和全面监测的断面可把节点建立在固定监测站上，节点安装大型全自动在线监测仪器，可以监测所有所需监测指标。固定监测站通过采样泵及浮筒抽取水样，经预处理后进入固定监测站分析。节点可记录流程日志，故障报警与反馈。该类站点可布设高锰酸盐指数在线自动监测仪、氨氮在线监测仪、水质石油类在线监测仪、总磷在线分析仪、总氮在线分析仪、重金属在线分析仪、氰化物与挥发酚在线分析仪、在线生物毒性分析仪等多种监测设备。该监测站可实现在线监测的指标包括：水温、光学溶解氧、电导率、总溶解固体、电阻率、盐度、浊度、pH、氧化还原电位、TN、TP、氨氮、硝酸盐、亚硝酸氮、磷酸盐、氯化物、氟化物、钙离子、叶绿素、藻蓝蛋白、藻红蛋白、罗丹明染料、荧光素染料、石油类、断面平均流速、垂直流速、水-气界面CO_2通量、BOD、COD、高锰酸盐指数、总有机碳、风速、风向、空气温度、相对湿度、大气压力、光照强度、硫酸根离子、大肠菌群、阴离子表面活性剂、硫化物、挥发酚、苯酚、总砷、总铅、总铬、总镉、总铜、总锌、总氰、总镍、总银、总铁、总铝、总锰、总汞、水中氟、水中钴、水中硼、藻毒素等，具体建设指标根据实际需求再进行选择。

2）浮标式监测站

对于需要无人值守的长期、连续、同步、在线监测的断面，可把传感器节点安放在浮标式监测站上。浮标式监测站安装有水文浮标、可充电供电系统、低功耗水质在线监测仪及GPS定位系统，可监测30多种指标。浮标式监测站功耗小，自动化程度高，可定期回收，避免频繁的定期维护。该类站点可布设水质多参数原位分析仪、紫外吸收原位分析仪、总磷原位分析仪等多种监测设备。浮标式监测站可实现在线监测的指标包括：水温、溶解氧、电导率、总溶解固体、电阻率、盐度、pH、氧化还原电位、氨氮、氯化物、氟化物、硝酸盐、钙离子、浊度、叶绿素、藻蓝蛋白、藻红蛋白、罗丹明染料、荧光素染料、石油类、TN、TP、硝酸氮、亚硝酸氮、磷酸盐、断面平均流速、垂直流速、水-气界面CO_2通量、BOD、COD、高锰酸盐指数、总有机碳、风速、风向、空气温度、相对湿度、大气压力、光照强度等，具体建设指标根据实际需求再进行选择。

3）便携式分析仪

检测人员按照水环境监测的具体要求，在特殊情况下携带便携式的检测设备与采样设备至指定区域，对监测内容进行初步分析与分类，迅速地把采样数据在线传送回监测站点。便携式分析仪可实现的在线监测指标包括：水温、光学溶解氧、电导率、总溶解固体、电阻率、盐度、pH、氧化还原电位、氨氮、氯化物、氟化物、硝酸盐、钙离子、浊度、叶绿素、藻蓝蛋白、藻红蛋白、罗丹明染料、荧光素染料、石油类、TN、TP、流速、BOD、COD、风速、风向、空气温度、相对湿度、大气压力、光照强度等，具体建设指标根据实际需求及条件限制再进行选择。

4.5.3.2　水质视频监控单元

水质视频监控单元通过固定、移动、自动多种方式相结合的信息采集网络，及时、准确、实时收集三峡库区水量水质监测信息，通过水环境信息数据库系统快速、高效导入三峡工程管理机构水量水质可视化实时监测分析平台，从而为人们提供可视化的监测评价数据。

水质视频监控单元主要分为以下几个单元。

（1）视频前端采集单元。在浮标、固定岸边等地安装枪式摄像机、红外夜视摄像机等，采集监测水环境区域的视频信息，通过编码器把视频信息编码为可满足要求的数据传输格式，通过多种通信方式传输回监测站的存储服务器。

（2）监测站单元。当收集到上传的视频监测数据时，首先通过解码器变换为可处理的编码格式数据，然后通过监测站的监控平台显示监控区域的实时信息。同时，把采集到的数据存储到站点的存储服务器。

（3）视频数据中心单元。大量的视频信息需要分析、处理，然后导入三峡工程管理机构水量水质可视化实时监测分析平台，提供可视化的监测评价数据。该单元通过使用合理的资源管理和调度方法，把视频信息快速地呈现在分析平台上。

4.6　三峡水库水环境在线监测系统中各子系统方案设计

4.6.1　饮用水水源地水质安全在线监测子系统

1）监测目的

在充分依托现有饮用水水源地监测工作的基础上，建设饮用水水源地水质安全监测重点站，强化水源地特征污染物监测能力，提升饮用水水源地水质安全在线监测能力和应急处理能力；跟踪观测三峡水库建设运行过程中，库区干支流主要城镇饮用水源地水环境质量状况，分析饮用水水源地水质变化趋势，为三峡库区居民饮水安全和人群健康提供支撑，为推进三峡库区可持续利用、区域可持续发展提供依据。

2）监测范围

其监测范围为覆盖三峡库区干支流的主要城镇集中式饮用水水源地。

3）监测内容与指标

（1）监测内容。以建设饮用水水源地水质安全监测重点站为依托，综合采用常规监测、在线监测等手段，开展三峡库区主要城市（县城以上）集中式饮用水水源地、乡镇（建制镇）饮用水取水点水质监测。其中，在线监测部分同步纳入水环境在线监测子系统。

（2）监测指标。常规指标：水温、pH、溶解氧、高锰酸盐指数、COD、BOD_5、氨氮、TN、TP、铜、锌、氟化物、硒、砷、汞、镉、铬（六价）、铅、氰化物、挥发酚、石油类、阴离子表面活性剂、硫化物、粪大肠菌群、硫酸盐、氯化物、硝酸盐、铁、锰、叶绿素、透明度，即《地表水环境质量标准》（GB 3838—2002）表1、表2监测项目及水生态指标叶绿素、透明度两项。特征指标：《地表水环境质量标准》（GB 3838—2002）表3监测项目。在线指标：水温、pH、溶解氧、电导率、浊度、高锰酸盐指数和氨氮。

4）监测站网

饮用水水源地水质安全在线监测子系统共布设1个重点站，即饮用水水源地水质安全监测重点站，本部设在重庆市，规划3个基层站，分别为重庆基层站、万州基层站和宜昌基层站。其中，重庆基层站覆盖重庆市市辖区、江津区、长寿区、涪陵区、武隆区、忠县、丰都县、石柱土家族自治县等区（县）；万州基层站覆盖万州区、开州区、云阳县、奉节县、巫山县、巫溪县；宜昌基层站覆盖巴东县、夷陵区、秭归县、兴山县。

监测站点共布设36个干流监测点、21个支流监测点，分别位于36个干流城市（县城以上）集中式饮用水水源地，21个建制镇饮用水取水点。

监测站点布局如图4-5和图4-6所示，站点信息见表4-1和表4-2。

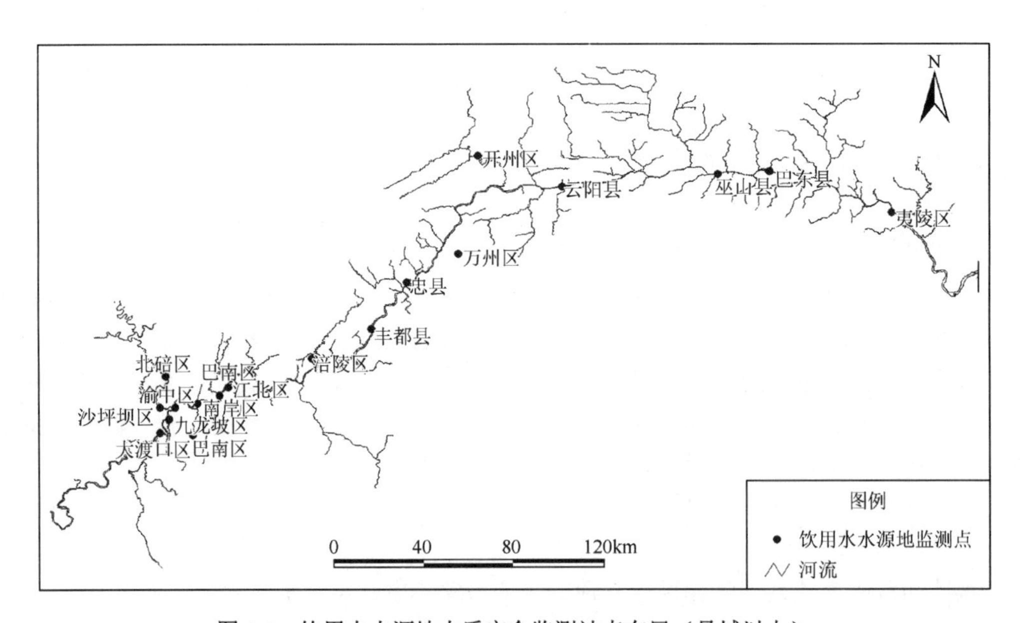

图4-5 饮用水水源地水质安全监测站点布局（县城以上）

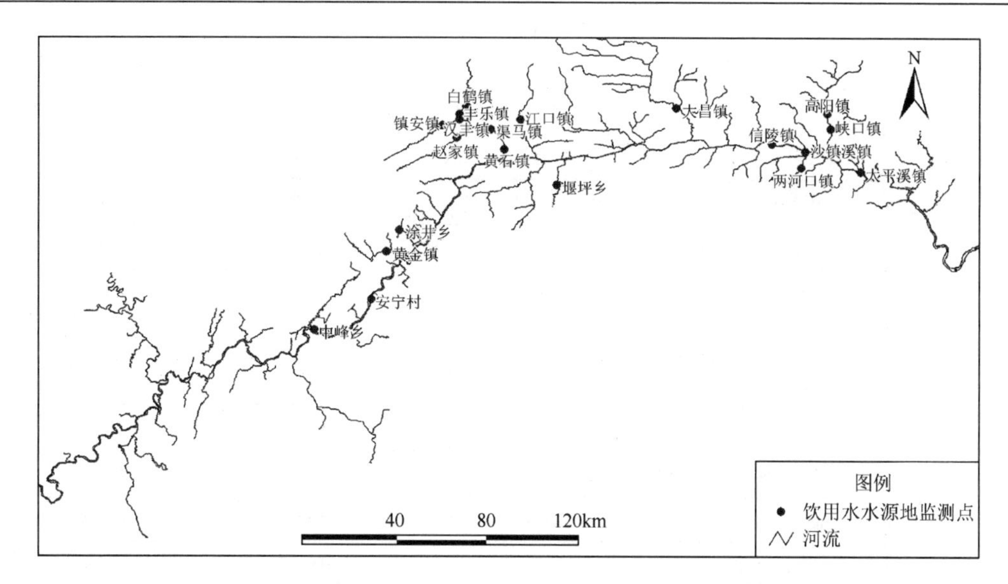

图 4-6 饮用水水源地水质安全监测站点布局（建制镇）

表 4-1 饮用水水源地水质安全监测站点（县城以上）

区域	区/县	水厂/饮用水水源地名称	取水口	实际取水量/(万 t/d)
重庆	巴南区	龙洲湾	长江	0.35
	大渡口区	茄子溪水厂	长江	1.20
	涪陵区	涪陵城区	长江	12.00
	涪陵区	李渡	长江	2.00
	涪陵区	马脚溪	乌江	0.80
	九龙坡区	铜罐驿镇四维水厂	长江	0.09
	九龙坡区	铜罐驿镇自来水厂	长江	0.09
	南岸区	黄桷渡	长江	10.00
	南岸区	玄坛庙	长江	2.20
	沙坪坝区	中渡口取水点	嘉陵江	3.00
	巫山县	红石梁	长江	1.00
	忠县	苏家水厂	长江	0.45
	忠县	白公祠水厂	长江	0.45
	巴南区	鱼洞石	长江	5.00
	巴南区	大江水厂取水点	长江	4.50
	北碚区	北碚水厂（红工取水点）	嘉陵江	3.00
	北碚区	北碚（文星湾取水点）	嘉陵江	3.00
	丰都县	三合镇峡南溪	长江	1.50
	万州区	牌楼	长江	6.00

续表

区域	区/县	水厂/饮用水水源地名称	取水口	实际取水量/(万 t/d)
重庆	云阳县	苦草沱	长江	1.50
	开州区	石龙船水厂、驷马水厂	小江南河	2.30
	九龙坡区	西彭镇水厂	长江	3.98
	大渡口区	丰收坝水厂	长江	8.00
	江北区	东渝水厂	长江	10.00
	九龙坡区	和尚山	长江	20.00
	九龙坡区	黄沙溪	长江	1.91
	九龙坡区	陶家镇天泰公司水厂	长江	0.10
	渝中区	大溪沟	嘉陵江	10.00
	江北区	梁沱水厂	嘉陵江	20.00
	江北区	江北水厂	嘉陵江	6.00
	江北区	长安一水厂	嘉陵江	2.80
	江北区	长安二水厂	嘉陵江	5.00
	沙坪坝区	井口水厂	嘉陵江	0.60
	沙坪坝区	高家花园水厂	嘉陵江	16.00
湖北	巴东县	万福河	万福河	5.00
	夷陵区	坝河口	长江	3.70
合计				173.52

表 4-2 饮用水水源地水质安全监测站监测点（乡镇水源地）

区/县	乡镇名称	水厂/饮用水水源地名称	实际取水量/(万 t/d)
涪陵区	中峰乡	渠溪河	0.03
丰都县	安宁村	龙河	0.002
忠县	黄金镇	黄金河	0.02
忠县	涂井乡	汝溪河	0.003
开州区	白鹤镇	澎溪河	0.04
开州区	白鹤镇	澎溪河	0.082
开州区	丰乐镇	澎溪河	0.11
开州区	汉丰镇	澎溪河	2.0
开州区	镇安镇	澎溪河	0.003
开州区	赵家镇	澎溪河	0.033
云阳县	堰坪乡	长滩河	0.04
云阳县	渠马镇	澎溪河	0.02
云阳县	黄石镇	澎溪河	0.018
巫山县	江口镇	汤溪河	0.12

续表

区/县	乡镇名称	水厂/饮用水水源地名称	实际取水量/(万 t/d)
巫山县	大昌镇	大宁河	0.06
夷陵区	太平溪镇	松树河	0.06
秭归县	沙镇溪镇	青干河梅坪	0.1
秭归县	两河口镇	老龙洞电站	0.11
兴山县	高阳镇	耿家河	0.1
兴山县	峡口镇	黄家河	0.1
巴东县	信陵镇	万福河	4.2
合计			7.221

5）监测方法

监测方法均采用国家或行业颁布的标准方法，以及相应的国际标准分析方法（国家标准方法优先），如《水环境监测规范》（SL 219—2013）、《地表水和污水监测技术规范》（HJ/T 91—2002）、《水质 采样方案设计技术规定》（HJ 495—2009）、《水质 采样技术指导》（HJ 494—2009）、《水质采样 样品的保存和管理技术规定》（HJ 493—2009）等规范。使用的仪器设备计量器具均经过计量部门检定合格，并处于正常工作状态。

6）监测时间与频率

常规指标监测频率为每月 1 次，每月月初实施监测。

特征指标监测频率原则上要求每年 1 次，选择春季高水位运行期（最不利月份）实施监测。

在线指标监测频率为实时监测，24h 连续监测（每小时 1 次）。

7）监测结果分析与评价

围绕子系统的监测目的及监测内容，饮用水水源地水质安全监测重点站主要开展三峡库区饮用水水源安全分析评价。

结合生态环境部等有关部门关于饮用水水源地环境状况评估技术指南，建立三峡库区饮用水水源地安全分析评价技术规程。依托相关监测数据，开展单项指标达标率评价、分类指标评价（天然类、有机类、有毒类）和水质综合评价（综合指数法）。分析三峡库区饮用水水源地水质安全的时空分布状况；分析饮用水水源地水质的现状及年际变化趋势。

8）数据采集与传输方案

饮用水水源地水质安全监测重点站数据采集与传输方案如图 4-7 所示。

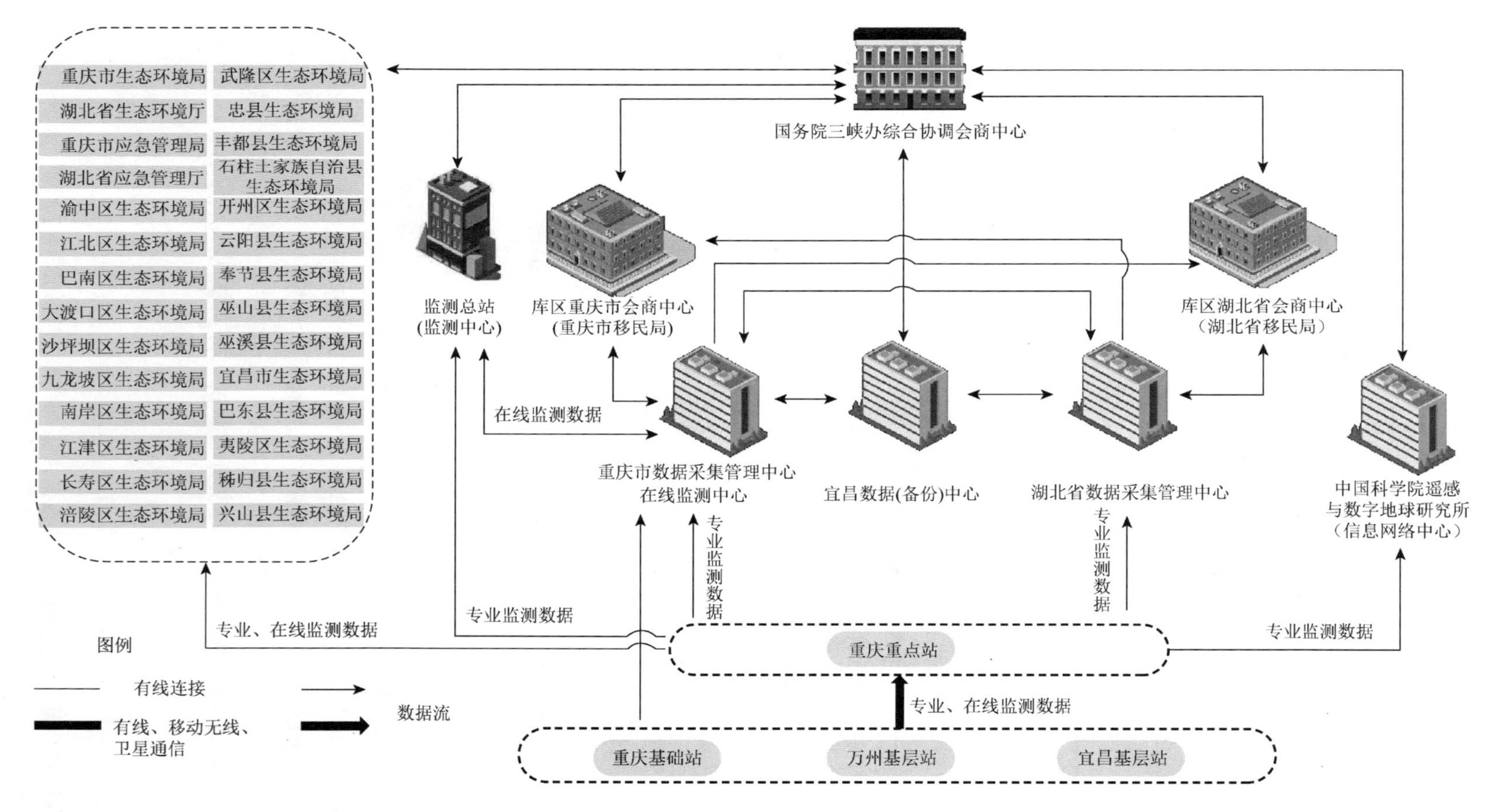

图 4-7 饮用水水源地水质安全监测重点站数据采集与传输方案

4.6.2　水文水质同步在线监测子系统

1）监测目标

对三峡库区重要断面水质状况进行实时监控，弥补人工监测存在的时效性不足的缺陷；初步形成三峡水库水环境远程监控体系，提升各干支流监测站的实时监控能力，增强水环境的预警预报能力。采用浮标式监测站或者近岸监测站的方式。

2）监测范围

监测范围涉及万州典型生态环境监测重点站的监测断面。

3）监测内容

根据三峡水库水文水质监测的需要，监测内容如下：水温、pH、溶解氧、电导率、浊度、高锰酸盐指数、氨氮、TN、TP、硝酸盐、亚硝酸盐、叶绿素、BOD、氯化物、可溶性磷、溶解性固体、总有机碳、水位、流量、流速、常规气象八参数（即风速、风向、空气温度、相对湿度、大气压力、光合有效强度、太阳辐射、降水量）。

4）监测时间

水文水质指标：水温、pH、溶解氧、电导率、浊度、水位、流量等每小时 1 次，其他指标每天 4 次，应急情况可扩展每 20min 1 次。

气象指标：常规气象八参数每半小时 1 次，应急情况可扩展每 10min 1 次。降水强度、降水历时按降水时连续监测。

其他指标：土壤含水量每天 4 次；泥沙含量每小时 1 次，应急情况可扩展每 20min 1 次；视频实时监控。

5）监测结果分析

按水功能区域计算水体的纳污能力，提出保证水质安全的污染物排放控制量。

6）能力建设

在原水文水质监测子系统基础上，以长江干流与重要一级支流为监测水功能区，使用水质多参数监测仪、营养盐监测仪、超声多普勒断面流速测量仪、高锰酸盐指数分析仪等，采用国内外水文水质在线监测技术进行水体水文水质实时在线监测，利用信息网络将监测数据实时传送到监测站和综合监测预警中心，提高对干支流水质、水源地水质、取水口水质、近岸污染带水质的在线监测能力和应急响应能力，具体能力建设站点情况如图 4-8 和表 4-3 所示。

图 4-8 万州典型生态环境监测重点站能力建设空间分布示意图

表 4-3 万州典型生态环境监测重点站能力建设表

序号	河流名称/区域	监测站点名称	在线监测内容
1	五桥河/万州区	陈家沟流域自然坡面	污染源（水质、土壤、视频）
2	五桥河/万州区	万州站站部	污染源（气象）
3	长江干流/万州区	沱口断面	水质、水文、视频
4	五桥河/万州区	陈家沟流域	气象
5	五桥河/万州区	五桥河流域	污染源（降水）

4.6.3 库区富营养化在线监测子系统

1）监测目标

对三峡水库重点支流及重点断面的富营养化状态进行在线监测，提高三峡水库营养化的远程监控及水华的预警预报能力，其主要采取浮标式监测站的方式。

2）监测范围

监测范围涉及各站点监测断面，监测站点详细信息见表 4-4。

表 4-4 重点支流水质监测重点站能力建设表

序号	河流名称/区域	监测站点名称	在线监测内容
1	香溪河/兴山县	香溪河基层站	水质、水文、气象、视频
2	神农溪/巴东县	神农溪基层站	水质、水文、气象、视频
3	大宁河/巫山县	大宁河基层站	水质、水文、气象、视频
4	朱衣河/奉节县	朱衣河基层站	水质、水文、气象、视频
5	小江/开州区	小江（汉丰湖以下）基层站	水质、水文、气象、视频
6	小江/开州区	汉丰湖基层站	水质、水文、气象、视频
7	苎溪河/万州区	苎溪河基层站	水质、水文、气象、视频
8	汝溪河/忠县	汝溪河基层站	水质、水文、气象、视频
9	龙河/丰都县	龙河基层站	水质、水文、气象、视频
10	御临河/江北区	御临河基层站	水质、水文、气象、视频
11	磨刀溪/云阳县	磨刀溪基层站	水质、水文、气象、视频

3）监测内容

根据三峡水库水文水质富营养化监测的需要，监测内容选择水温、pH、溶解氧、电导率、浊度、常规气象八参数、高锰酸盐指数、TN、TP、氨氮、硝态氮、叶绿素、流量、水位、流速。

4）监测时间

水文水质指标：水温、pH、溶解氧、电导率、浊度、水位、流量等每小时 1 次，其他指标每天 4 次。应急情况可扩展每 20min 1 次。

气象指标：常规气象八参数每半小时 1 次，应急情况可扩展每 10min 1 次。

其他指标：视频采用实时监控。

5）监测结果分析

在富营养化敏感区域每天分析一次营养物质来源变化特征，预测三峡库区富营养化发生发展趋势，提出三峡水库富营养化的防治对策建议。

6）能力建设

在干流重要水质断面（如朱沱入库断面）、支流生态敏感区域补充在线监测设备，建设综合监测站。由中国水利水电科学研究院负责重点支流水质监测重点站和三峡工程生态环境监测系统在线监测中心的能力建设。使用水质多参数监测仪、营养盐监测仪、超声多普勒断面流速测量仪、高锰酸盐指数分析仪等，采用国内外富营养化在线监测技术进行水体富营养化实时在线监测，利用信息网络将监测数据实时传送到监测站和综合监测预警中心，提高对干支流富营养化的在线监测能力和应急响应能力，具体能力建设站点情况如图 4-9 和表 4-4 所示。

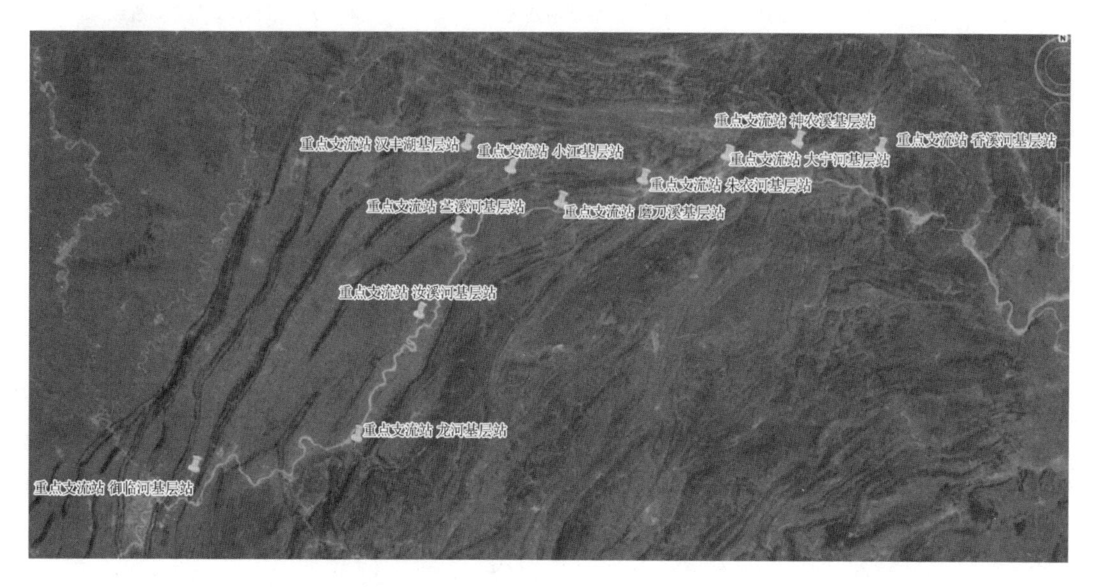

图 4-9　重点支流水质监测重点站能力建设空间分布示意图

4.6.4　污染源在线监测子系统

1）监测目标

入库点源、面源污染负荷，满足相关总量控制和水污染排放标准。采用排污口处监测的方式。

2）监测范围

监测范围包括船舶流动污染源监测重点站、秭归典型生态环境监测重点站、农业化肥面源污染监测重点站和工业与生活监测重点站 4 个涉及的管辖范围。

3）监测内容

船舶流动污染源监测重点站的监测内容为石油类、悬浮物、BOD、高锰酸盐指数、TN、TP 等主要污染物的排放浓度；其他指标为废气中 SO_2、NO_2、等效连续 A 声级、视频实时监控等。

秭归典型生态环境监测重点站监测内容为 pH、高锰酸盐指数、悬浮物、溶解氧、氨氮、硝态氮、溶解性磷、TN、TP、常规气象八参数、水位、流量、流速、土壤温度、土壤水分、土壤电导率、视频实时监控等。

农业化肥面源污染监测重点站的监测内容为水温、pH、溶解氧、电导率、浊度、高锰酸盐指数、TN、TP、氨氮、水位、流量、流速、视频实时监控等。

工业与生活监测重点站的监测内容为水温、pH、溶解氧、电导率、浊度、高锰酸盐指数、TN、TP、氨氮、水位、流量、流速、视频实时监控等。

4）监测时间

水文水质：水温、pH、溶解氧、电导率、浊度、水位、流量等每小时 1 次，其他指标每天 4 次，应急情况可扩展每 20min 1 次。

气象指标：常规气象八参数每半小时 1 次，应急情况可扩展每 10min 1 次。

其他指标：土壤温度、土壤水分、土壤电导率每小时 1 次，应急情况可扩展每 20min 1 次。废气中 SO_2、NO_2、等效连续 A 声级采用连续监测，视频实时监控等。

5）监测结果分析

预测三峡库区水污染发生发展趋势，提出三峡水库水污染的防治对策建议。

6）能力建设

在秭归典型生态环境监测重点站、船舶流动污染源监测重点站、农业化肥面源污染监测重点站和工业与生活监测重点站补充在线监测设备，建设污染源在线监测站。使用水质多参数监测仪、营养盐监测仪、高锰酸盐指数分析仪等，以及国内外污染源在线监测技术进行水体污染源实时在线监测，利用信息网络将监测数据实时传送到监测站和综合监测预警中心，提高对干支流污染源在线监测能力和应急响应能力，具体能力建设站点情况如图 4-10、图 4-11，表 4-5～表 4-7 所示。

图 4-10 秭归典型生态环境监测重点站能力建设空间分布示意图

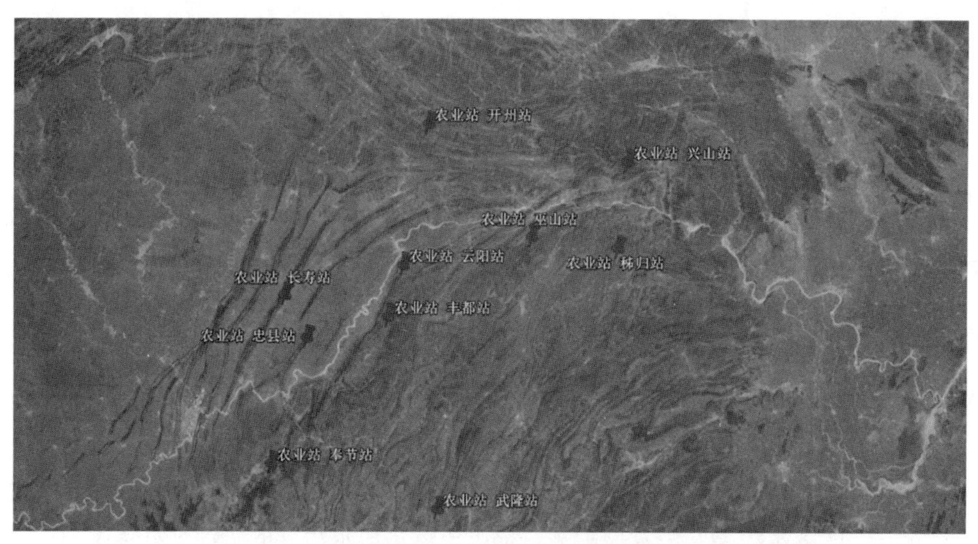

图 4-11 农业化肥面源污染监测重点站能力建设空间分布示意图

表 4-5 船舶流动污染源监测重点站能力建设

序号	河流名称/区域	监测站点名称	测点位置	在线监测内容
1	长江干流/库区	北京站	库区范围（15 条船）	污染源（含油污水、生活污水、船舶废气、噪声、视频）

表 4-6 秭归典型生态环境监测重点站能力建设

序号	区域	监测站点名称	在线监测内容
1	秭归县	秭归县水田坝乡上坝村	污染源、水质、富营养化、水文、气象、视频

表 4-7 农业化肥面源污染监测重点站能力建设

序号	河流名称/区域	监测站点名称	在线监测内容
1	九畹溪/秭归县	秭归站	水质、水文、视频
2	香溪河/兴山县	兴山站	水质、水文、视频
3	龙溪河/长寿区	长寿站	水质、水文、视频
4	乌江/武隆区	武隆站	水质、水文、视频
5	龙河/丰都县	丰都站	水质、水文、视频
6	小江/开州区	开州站	水质、水文、视频
7	汝溪河/忠县	忠县站	水质、水文、视频
8	澎溪河/云阳县	云阳站	水质、水文、视频
9	大溪河/奉节县	奉节站	水质、水文、视频
10	大宁河/巫山县	巫山站	水质、水文、视频

4.6.5 分区入库污染物总量在线监测子系统

1）监测目的

其主要监测目的为行政区界污染负荷核定、应急监测管理。

2）监测范围

其监测范围为河流分区断面。

3）监测内容

其监测内容为水温、pH、溶解氧、电导率、浊度、高锰酸盐指数、氨氮、TN、TP、硝酸盐氮、叶绿素、水位、流速、流量、视频等。

4）监测时间

其监测时间分别为水温、pH、溶解氧、电导率、浊度、水位、流量等每小时 1 次；其他指标每天 1 次；应急情况可扩展每 20min 1 次。其主要采用浮标式监测站的方式。

5）监测结果分析

统计分析计算每年进入三峡水库的各类污染源负荷，摸清各类污染源入库的污染负荷量及其分布规律，掌握污染物种类、浓度和排放规律。

6）能力建设

在原有省界、县界水文水质监测子系统监测站基础上，以长江干流与重要一级支流为监测水功能区，使用水质多参数监测仪、营养盐监测仪、超声多普勒断面流速测量仪、高锰酸盐指数分析仪等，以及国内外水文水质分区入库在线监测技术进行水体水文水质分区入库实时在线监测，利用信息网络将监测数据实时传送到监测站和综合监测预警中心，提高分区入库污染物总量在线监测子系统的在线监测能力和应急响应能力。其具体能力建设站点情况如图 4-12 和表 4-8 所示。

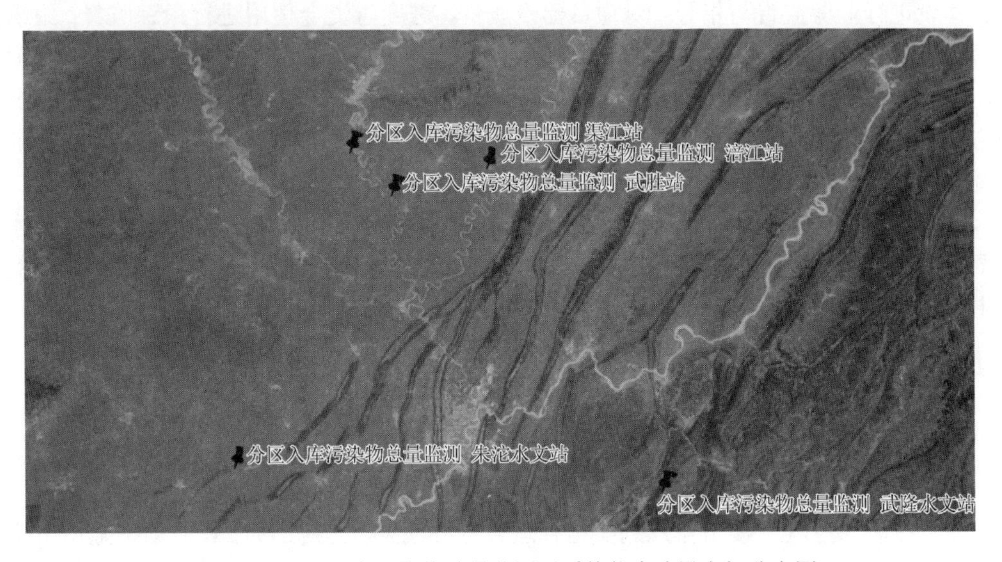

图 4-12 分区入库污染物总量监测子系统能力建设空间分布图

表 4-8 分区入库污染物总量监测能力建设表

序号	河流名称	监测站点名称	在线监测内容	备注
1	长江干流	朱沱水文站	水质、水文、视频	四川—重庆
2	乌江	武隆水文站	水质、水文、视频	贵州—重庆
3	嘉陵江	武胜站	水质、水文、视频	四川—重庆
4	渠江	渠江站	水质、水文、视频	四川—重庆
5	涪江	涪江站	水质、水文、视频	四川—重庆

4.7 监测体系组织、管理与运行保障

4.7.1 监测体系组织

为推进三峡水库水环境在线监测系统各项目建设的顺利开展，设立项目领导小组，下设办公室和专家委员会，综合指导各项目建设实施单位推进工作。

（1）项目领导小组。由国务院三峡办组成，负责协调和处理三峡后续工作综合管理能力建设三峡水库水环境在线监测系统分项各项目建设中的重大问题；对三峡后续工作综合管理能力建设各参建单位关系进行协调；对项目建设质量、进度与资金使用进行监督管理；对项目建设进行竣工验收。

（2）办公室。落实项目领导小组关于三峡后续工作综合监测体系建设的各项指示；主持各子项目的项目建议书、可行性研究、初步设计报告的编制、审核、报批等工作；对项目建设进行业务监督与指导；对项目建设质量、进度与资金使用进行跟踪监督；组织各项目建设竣工验收；组织监测数据交付验收。

（3）专家委员会。在项目领导小组领导下，为项目单位提供各种详细监测站点及监测方案设计、软硬件购置、软件开发、数据资源建设、机房土建建设、网络建设、标准规范制定、运行管理、项目验收提供业务指导及咨询。

（4）各项目主体单位项目法人将针对本项目成立领导小组和工作组，按照项目建设需要组织完成项目建设，对工程质量、工程进度、资金管理和生产安全负总责，并接受上级主管单位和国务院三峡办监督。

4.7.2 监测管理制度

（1）参照三峡后续工作中央统筹类项目进行项目实施和组织管理。

（2）按照《三峡后续工作规划实施管理暂行办法》《三峡后续工作专项资金使用管理办法》（财农〔2015〕229 号）进行项目资金使用管理。

4.7.3 监测系统协作与长效运行机制

通过实施程序管理、完善管理制度、规范数据管理、强化技术管理、培训专业人员、加强阶段评估、推动科学研究、保障运行经费、重视环保节能、提供政策保障十大措施，提供切实保障建立和完善三峡工程综合监测体系的协作与长效运行机制。

（1）实施程序管理。根据实施规划，按照“急用先建、服务三峡后续工作”的原则，分期、分年度实施，逐步推进。对建设项目严格实行法人责任制、招标投标制、合同管理制和工程监理制。对规划实施过程加强审计、稽查、监督检查和综合监理。

（2）完善管理制度。制定和完善“三峡工程综合监测体系管理办法”“三峡工程综合监测体系项目资金使用管理办法”“三峡工程综合监测体系项目仪器设备使用管理办法”“三峡工程综合监测体系数据共享管理办法”等。明确三峡工程综合监测系统的目标任务、体系结构和管理制度，规范三峡工程综合监测系统内部各节点的责任、义务和权力，制定考核评价的原则、方式及指标体系，明确经费管理制度和成果提交制度，规定监测信息流程化、标准化管理制度，建立信息共享机制。

（3）规范数据管理。保护三峡水库运行管理机构和数据生产单位的权益，促进三峡工程综合监测体系的信息共享与交流。在三峡工程综合监测体系内部建立信息共享机制，加强信息服务功能，充分发挥各专业监测系统的作用并有效保护其产权；促进各专业监测系统与其他机构之间的数据交流。

（4）强化技术管理。根据国家标准和相关行业标准，综合考虑三峡工程综合监测体系的技术要求，制定专门的监测技术规定及实施细则，主要内容包括：监测人员的技术素质要求，监测仪器设备的要求，测试、分析及计算过程中的技术要求，在线监测系统监测质量控制标准，综合分析质量控制要求，监测成果整理及整编的技术要求等。

（5）培训专业人员。为确保三峡工程综合监测体系正常运行，要根据监测体系运行实际需求，配备相应的监测人员、应用人员和管理人员，并进行相应的专业培训。监测人员培训内容包括综合知识、监测工作方案和监测分析技能三个方面。使监测人员掌握与三峡工程综合监测体系有关的法律法规和政策，以及三峡后续工作规划的背景和三峡工程综合监测体系建设的背景。监测工作方案包括监测表格、监测评估方法、监测工作方案、监测指标说明等，保证监测工作顺利实施和监测分析数据统一，能在监测过程中发现问题并提出相应的解决措施。三峡工程综合监测体系涉及多个专业，覆盖区域广，一方面需开展专业技能培训，帮助被培训人员熟悉监测仪器设备，掌握基本的监测分析技能，提高监测技术水平，使之尽快适应监测工作，以满足监测质量的需求；另一方面需加强跨学科的综合技能培训，提高综合分析与评价水平，以满足监测信息集成与分析的需要。

（6）加强阶段评估。在项目实施进程中，及时跟踪检查项目执行情况，实时评价效果，确保项目投资质量及效益。在项目实施进程过半时，开展一次全面的中期检查，对规划措施和目标实现程度进行评估，并结合社会经济发展和环境变化情况，针对性采取加强和调整措施，确保实现规划目标。项目任务完成验收后，进行综合评估，全面评价项目实施效果。

（7）推动科学研究。三峡工程综合监测工作具有社会性、复杂性和多变性，三峡库区及相关地区的生态环境要素及所存在的生态环境问题呈现复杂多变的特点。随着三峡工程的全面运行，生态环境发生的时空演化，我们必须加强科学研究，不断修正、发展和完善监测目标、方案、方法和技术手段，以提高为三峡工程和生态环境管理服务的时效性、准确性和科学性。

（8）保障运行经费。一直以来，三峡工程综合监测工作运行投入是补助性质的。三峡工程综合监测体系单纯依靠补助运行经费难以长效维持。为保障三峡工程综合监测工作高质量地完成，必须依托具有相关监测职能的监测单位，通过行业主管部门、监测单位自身优势多方筹集资金。

（9）重视环保节能。在三峡工程综合监测体系建设和运行中，认真贯彻《中华人民共和国环境保护法》、严格控制环境污染、保护环境和生态平衡；认真贯彻《建筑设计防火规范》（GB 50016—2014），严格落实消防措施，注重职业安全和卫生。

（10）提供政策保障。三峡工程综合监测体系涉及面广、专业性强、参与部门和单位多，为确保其顺利实施并达到预期的效果，必须有强力的政策规章作保障。在遵循国家相关法律法规和技术标准的基础上，结合三峡工程综合监测系统的制度化建设，实施依法管理。制定协调国务院有关部门和省、直辖市的政策措施，加强协调，确保资源共享，避免重复建设，从政策体系上为三峡工程综合监测体系建设提供支撑。

4.7.4 监测数据管理

三峡管理监测数据统一管理，数据监测单位不具有数据的独立产权，仅有署名权、优先使用权等，数据由国务院三峡办统一管理。

建立统一规范的数据质量评价体系和质量保证体系；制定和维护标准规范，进行资格认证、培训，实行责任负责制；制定数据质量目标，提交数据表格；设置统一仪器和标准分析样品；定期进行系统内标样测定与仪器校验；定期对数据进行检验和质量评估。对存在质量问题的基层站和重点站追究责任。

监测信息流程化管理。监测重点站及时、完整地按照合同约定向各专业中心提交数据；各专业中心负责整编、核对、归档等，并将存在的问题反馈回重点站；经汇总整理后，各专业中心负责将汇总整理后的监测数据分别提交信息管理中心、在线监测信息中心；同时，各专业中心负责将各重点站的监测数据按照属地化管理要求分别报给重庆市数据采集管理中心和湖北省数据采集管理中心。局地气候监测物理部署数据流架构设计：基层站首先将数据提交两省市气象信息保障中心审核，审核通过后基层站再将数据提交重点站，重点站将两省市数据汇总整理后提交国家气象信息中心审核。最后，重点站将审核通过后的监测数据分别提交监测系统的三峡工程信息管理中心、在线监测数据中心。

监测信息标准化管理。制定“三峡工程综合监测体系数据提交办法”，明确数据提交的各项要求，包括提交方式、提交时间、提交频率、数据内容、数据格式等。各监测重点站、基层站按照统一的、规范的数据格式进行原始数据的填报，以方便对信息的综合分析、对比分析，以及对监测数据科学性、准确性的检验。

加强网络数据库建设、数据管理与共享制度。研究并制定“三峡工程综合动态监测规范”；研究数据质量评估和控制的理论与方法；研究属性数据和空间数据的融合技术；研究数据管理与共享的政策和技术方法，建立规范的网络数据库。

监测中心（重点站）围绕三峡工程重点监测问题，开展监测数据的综合分析与评价，并向国务院三峡办报送监测年报、专报等；如遇突发的重大生态与环境事件时，通过应急监测向相关管理部门报告监测数据和处理建议。

5　存在的问题与未来展望

5.1　存在的问题

及时、准确、有效是水环境在线监测的技术特点。在水生态环境管理中，水环境在线监测技术，可以实现水质的实时连续监测和远程监控，及时掌握主要流域重点断面水体的水质状况，预警预报重大或流域性水质污染事故，解决跨行政区域的水污染事故纠纷，监督总量控制制度落实情况。

本书探讨了三峡水库水生态环境感知系统的构成、基本特征与主要应用情况，汇总梳理了三峡水库水生态环境的主要特征、当前湖沼演化的主要过程及其参数化表达方法，阐述了在大型水库构建水生态环境感知系统的基本原理与技术路径。但限于笔者有限的学术水平和知识结构，在水生态环境感知系统的认识与理解上面，依然存在不少疑惑或问题，撰于此章供读者参考批评。

从“自动”到“在线”，从“在线监测”到“感知系统”，尚未解答的问题。

本书的前述章节中并未专门探讨“自动监测”和“在线监测”概念的具体区别，但事实上这样的区别是显而易见的。“自动监测”侧重于在监测手段与方法上强调区别于“人工采样与分析”的传统监测方式，即以自动分析仪器为核心，实现从水样采集、预处理、样品测量到数据获取的综合性分析系统。而“在线监测”则侧重强调实时的数据获取与传播，更强调运用自动控制技术、计算机技术和通信网络，在“自动监测”基础上实现远程控制、数据传输与储存。因此，严格意义上，“自动监测”并不能完全涵盖“在线监测”的内容，但通常情况下“在线监测”需首先依托“自动监测”技术而实现。

不仅如此，尽管第 1 章强调了“感知系统”在“互联网+”时代下的主要特征，但“感知系统”仍在很大程度上依托于“在线监测”而实现。至少在硬件环节，缺乏实时、远程的“在线监测”系统提供实时的数据来反映水生生态系统的实际情况，对水生态环境系统的“感知”依然是“巧妇难为无米之炊”。作为三峡水库水生态环境感知系统的基础，本书第 4 章对三峡水库水环境在线监测系统的构建与完善做出了初步的规划，为三峡水库水生态环境感知系统提供了硬件基础。但值得注意的是，从“在线监测”到“感知系统”依然需要庞大的数据模型、推演模型支持，这是本书尚未能够完整回答的问题，也是现阶段三峡水库水环境在线监测系统总体建设方案所未能涉及的，也是仍值得后续研究应用予以解答的。

在有限的外部技术经济条件约束下，是否空间点位越多、监测时频越密、监测指标越多，就更能够“感知”水生态环境系统的变化？答案是否定的。对三峡水库水生态环境系统的感知，犹如中医诊脉，宜精准且高效。然而，三峡水库水生态环境系统通常具有开放性、高度的时空异质性和复杂性。监测点位、在线监测系统的指标选取与数据采集频次的匹配，需要充分的匹配、优化与完善。特别是对三峡水库这样的大型水体而言，尽管当前三峡水库水生态环境总体呈现出由“河相”向“湖相”的湖沼演化过程，水体富营养化依然是三峡水库水生态环境演变的重要问题，但缺乏对三峡水库水生态环境感知系统的“试点”与“示范”性应用，如何匹配监测点位、在线监测指标和数据采集频次，仍无定论。这是本书依然未能够充分解答的问题。所幸的是，水生态环境感知的示范工程应用，已经在三峡水库典型支流（澎溪河、草堂河、大宁河、香溪河）展开，并已形成初步的示范应用成果。相关工作将在本系列的另外两本专著《水生态环境在线感知仪器》《水生态环境感知信息分析系统研究及应用》中述及，本书不另赘述。

5.2 未来展望

在水生态环境的监测与管理中，水生态环境感知系统无疑是未来发展的重要方向。随着信息化、智能化手段在水生态环境监测领域的深度融合和拓展，未来水生态环境感知系统的发展势必在当前水环境在线监测基础上更进一步。由此可以预见，未来的发展方向有以下主要特征。

（1）在线监测技术的成熟化与标准化

当前，已有不少水环境监测指标能够实现稳定的在线化监测。它们通常是通过光学法或电极法实现免维护、长时间监测的水质指标，如 pH、溶解氧、氧化还原电位、温度、浊度等。近年来，随着监测仪器的不断开发与完善，一些反映水生态状态的指标，如叶绿素 a、罗丹明 B、藻蓝蛋白等也能够实现在线化。除此之外，COD、TOC、TN、TP 等需要依赖于实验室化学消解的指标可以借助先进的自动监测技术实现“低维护”水平下的“在线化”。事实上，当前水环境质量管理中常用的水质指标，均可以找到成熟且商品化的在线监测仪器或设备。但水体生物学监测、水生态状态指标跟踪、水体毒性水平评估等一系列重要且关键的水生态环境监测项目，尚未有成熟、可大规模商业化应用的在线监测设备与技术。此外，当前水生态环境在线监测仪器装备的适用性多是同传统人工监测方法进行比对。不少在线监测仪器、设备等依然缺乏相关工业标准予以支撑，这也在一定程度上约束了在线监测系统（或水生态环境感知系统）的大面积推广应用。标准化是推广与拓展的基础，也是未来该领域的方向。

（2）多源、多尺度数据的融合与知识发现

当前，依赖于在线监测设备反馈的实时在线设备是准确掌握水生态环境系统现状的重要手段。但对水生态环境系统的“感知”并非仅是在线监测指标的变化，更需要大量的外部变量综合分析以支撑趋势判别。影响水生态环境系统的变量，不仅仅是污染物来源，也不单纯是历史数据的积累，还包括水文水动力条件、气候气象条件、流域自然地理与人文地理特征等。这些庞大的外部变量，并非都能够通过“在线监测”获得。因此，如何在庞大的生态环境信息中准确、及时做出水生态环境系统变化及其成因的准确判别，如何支撑环境监管工作，这均需要有效的数据处理手段与处理方法。对多源、多尺度数据进行科学融合，发现新现象、新规律，支撑监管需要，是未来的发展趋势。当前，通过大数据驱动模型（如深度神经网络、人工神经网络等），能够建立不同变量同水生态环境系统之间的关联关系，但相关工作在现阶段仍开展的并不充分，仍值得探索。

参考文献

[1] 黄楚新, 王丹. “互联网+”意味着什么——对“互联网+”的深层认识[J]. 新闻与写作, 2015(5): 5-9.

[2] 唐熙然, 李伦. “互联网+”与生态文明建设[J]. 中南林业科技大学学报(社会科学版), 2016, 10(4): 6-8, 16.

[3] 刘文清, 杨靖文, 桂华侨, 等. “互联网+”智慧环保生态环境多元感知体系发展研究[J]. 中国工程科学, 2018, 20(2): 111-119.

[4] 钟荣丙. “互联网+制造2025”的协同创新生态体系研究[J]. 技术与创新管理, 2018, 39(1): 10-18.

[5] 郭劲松, 李哲, 方芳. 三峡水库运行对其生态环境的影响与机制——典型支流澎溪河水环境变化研究[M]. 北京: 科学出版社, 2017.

[6] 黄真理, 李玉梁, 陈永灿. 三峡水库水质预测和环境容量计算[M]. 北京: 中国水利水电出版社, 2006.

[7] WETZEL R G. Limnology: lake and river ecosystems[M]. San Diego: Academic Press, 2001.

[8] LINDEMAN R L. The trophic-dynamic aspect of ecology[J]. Ecology, 1942, 23(4): 399-418.

[9] THORNTON K W, KIMMEL B L, PAYNE F E. Reservoir limnology: ecological perspectives[M]. New York: John Wiley & Sons, 1990.

[10] STRASKRABA M, TUNDISI J G, DUNCAN A. Comparative reservoir limnology and water quality management[M]. Dordrecht: Springer 1993.

[11] 李哲, 陈永柏, 李翀, 等. 河流梯级开发生态环境效应与适应性管理进展[J]. 地球科学进展, 2018, 33(7): 675-686.

[12] GODSHALK G L, BARKO J W. Vegetative succession and decomposition in reservoirs[M]//GUNNISOND. Microbial processes in reservoirs. Dordrecht: Springer, 1985: 59-77.

[13] TEISSERENC R, LUCOTTE M, CANUEL R, et al. Combined dynamics of mercury and terrigenous organic matter following impoundment of Churchill Falls Hydroelectric Reservoir, Labrador[J]. Biogeochemistry, 2014, 118(1/2/3): 21-34.

[14] GRIMARD Y, JONES H. Trophic upsurge in new reservoirs: a model for total phosphorus concentrations[J]. Canadian journal of fisheries and aquatic sciences, 1982, 39(11): 1473-1483.

[15] STRASKRABA M, TUNDISI J G. Volume 9. Reservoir water quality management[M]. Kusatsu: International Lake Environment Committee Foundation, 1999.

[16] KIMMEL B, LIND O, PAULSON L. Reservoir primary production[M]//Reservoir Limnology: Ecological Perspectives New York: John Wiley & Sons, 1990: 133-193.

[17] XU X, TAN Y, YANG G. Environmental impact assessments of the three gorges project in china: issues and interventions[J]. Earth-science reviews, 2013, 124: 115-125.

[18] RENOFALT B M, JANSSON R, NILSSON C. Effects of hydropower generation and opportunities for environmental flow management in Swedish riverine ecosystems[J]. Freshwater biology, 2010, 55(1): 49-67.

[19] ELLIS L E, JONES N E. Longitudinal trends in regulated rivers: a review and synthesis within the context of the serial discontinuity concept[J]. Environmental Reviews, 2013, 21(3): 136-148.

[20] YOUNG P S, CECH J J JR., THOMPSON L C. Hydropower-related pulsed-flow impacts on stream

fishes: a brief review, conceptual model, knowledge gaps, and research needs[J]. Reviews in fish biology and fisheries, 2011, 21(4): 713-731.

[21] POFF N L, SCHMIDT J C. How dams can go with the flow[J]. Science, 2016, 353(6304): 1099-1100.

[22] CARRIQUIRY J D, VILLAESCUSA J A, CAMACHO-IBAR V, et al. The effects of damming on the materials flux in the Colorado River delta[J]. Environmental earth sciences, 2011, 62(7): 1407-1418.

[23] WINEMILLER K O, MCINTYRE P B, CASTELLO L, et al. Balancing hydropower and biodiversity in the Amazon, Congo, and Mekong[J]. Science, 2016, 351(6269): 128-129.

[24] GRUMBINE R E, DORE J, XU J. Mekong hydropower: drivers of change and governance challenges[J]. Frontiers in ecology and the environment, 2012, 10(2): 91-98.

[25] 杜佐华, 严国安. 三峡库区水土保持与生态环境改善[J]. 长江流域资源与环境, 1999(3): 72-77.

[26] 伍黎芝. 生态脆弱区土地资源可持续利用问题——以三峡库区为例[J]. 中国土地科学, 2000(2): 13-16.

[27] 钟冰, 唐治诚. 三峡库区水土流失及其防治[J]. 水土保持研究, 2001(2): 147-149.

[28] 富国. 湖库富营养化敏感分级水动力概率参数研究[J]. 环境科学研究, 2005(6): 82-86, 104.

[29] 富国. 湖库富营养化敏感分级指数方法研究[J]. 环境科学研究, 2005(6): 87-90.

[30] 郑丙辉, 张远, 富国, 等. 三峡水库营养状态评价标准研究[J]. 环境科学学报, 2006(6): 1022-1030.

[31] 黎国有, 肖尚斌, 王雨春, 等. 三峡水库干流沉积物的粒度分布与矿物组成特征[J]. 三峡大学学报(自然科学版), 2012(1): 9-13.

[32] 吴娅, 王雨春, 胡明明, 等. 三峡库区典型支流浮游细菌的生态分布及其影响因素[J]. 生态学杂志, 2015(4): 1060-1065.

[33] 张佳磊, 郑丙辉, 黄民生, 等. 大宁河回水区初级生产力的季节变化[J]. 华东师范大学学报(自然科学版), 2011(1): 1-11.

[34] 胡建林, 毕永红, 杨敏, 等. 三峡水库春季水华优势种的昼夜垂直迁移[C]//"加快经济发展方式转变——环境挑战与机遇", 2011 中国环境科学学会学术年会, 乌鲁木齐, 2011.

[35] 张琪, 袁轶君, 米武娟, 等. 三峡水库香溪河初级生产力及其影响因素分析[J]. 湖泊科学, 2015(3): 436-444.

[36] 方芳, 周红, 李哲, 等. 三峡小江回水区真光层深度及其影响因素分析[J]. 水科学进展, 2010(1): 113-119.

[37] 陈洋, 杨正健, 黄钰铃, 等. 混合层深度对藻类生长的影响研究[J]. 环境科学, 2013(8): 3049-3056.

[38] 张佳磊, 郑丙辉, 熊超军, 等. 三峡大宁河水体光学特征及其对藻类生物量的影响[J]. 环境科学研究, 2014(5): 492-497.

[39] 张佳磊, 郑丙辉, 刘录三, 等. 三峡库区大宁河库湾水体混合过程中的营养盐行为[J]. 水利水电科技进展, 2013(6): 66-70, 9.

[40] 纪道斌, 李国敬, 杨正健, 等. 三峡水库支流库湾水流输移水华藻团能力研究[J]. 水电能源科学, 2013(6): 75-77.

[41] 谢涛, 纪道斌, 尹卫平, 等. 三峡水库不同下泄流量香溪河水动力特性与水华的响应[J]. 中国农村水利水电, 2013(11): 1-6, 10.

[42] 许涛, 王雨春, 刘德富, 等. 三峡水库香溪河库湾夏季水华调查[J]. 生态学杂志, 2014(3): 646-652.

[43] 杨敏, 张晟, 胡征宇. 三峡水库香溪河库湾蓝藻水华暴发特性及成因探析[J]. 湖泊科学, 2014(3): 371-378.

[44] 杜立刚, 方芳, 郭劲松, 等. 三峡库区城市消落带生态规划与保护探讨[J]. 长江流域资源与环境, 2012(6): 726-731.

[45] 万娟, 刘佳瑞, 肖衡林, 等. 三峡库区消落带植物群落分布及生长影响因素分析[J]. 湖北工业大学学报, 2019, 34(5): 83-87.

[46] 贺秀斌, 鲍玉海. 三峡水库消落带土壤侵蚀与生态重建研究进展[J]. 中国水土保持科学, 2019, 17(4): 160-168.

[47] 李强, 丁武泉, 王书敏, 等. 三峡库区多年高水位运行对消落带狗牙根生长恢复的影响[J]. 生态学报, 2020(3): 1-8.

[48] REICHERT P, BORCHARDT D, HENZE M. River Water Quality Model No.1[M]. London: International Water Association, 2001.

[49] 李哲, 李翀, 陈永柏, 等. 国际水协会河流水质模型1号(RWQM1)述评[J]. 水资源保护, 2015(6): 86-93.

[50] GRIENSVEN A, VAN, BAUWENS W. Concepts for river water quality processes for an integrated river basin modelling[J]. Water science & technology, 2003, 48(3): 1-8.

[51] CARDONA C M, MARTIN C, SALTERAIN A, et al. CALHIDRA 3.0-New software application for river water quality prediction based on RWQM1[J]. Environmental modelling & software, 2011, 26(7): 973-979.

[52] SCHEPPER V C J D, HOLVOET K M A, BENEDETTI L, et al. Extension of the River Water Quality Model no. 1 with the fate of pesticides[J]. Journal of hydroinformatics, 2012, 14(1): 48-64.

[53] REICHERT P, BORCHARDT D, HENZE M, et al. River water quality model no. 1(RWQM1): II. Biochemical process equations[J]. Water science and technology, 2001, 43(5): 11-30.

[54] SHANAHAN P, BORCHARDT D, HENZE M, et al. River water quality model no. 1(RWQM1): I. Modelling approach[J]. Water science and technology, 2001, 43(5): 1-9.

[55] 张萍, 冯婧, 李哲, 等. 三峡澎溪河高阳平湖高水位时碱性磷酸酶活性及其动力学特征[J]. 湖泊科学, 2015(4): 629-636.

[56] 赫斌, 李哲, 冯婧, 等. 三峡澎溪河回水区高水位期间高阳平湖总磷模型[J]. 湖泊科学, 2016, 28(2): 295-302.

[57] 李哲, 郭劲松, 方芳, 等. 三峡水库澎溪河(小江)回水区一维水动力特征分析[J]. 重庆大学学报, 2012(5): 143-150.

[58] 李哲, 郭劲松, 方芳, 等. 三峡小江回水区氮素赋存形态与季节变化特点[J]. 环境科学, 2009(6): 1588-1594.

[59] 方芳, 李哲, 田光, 等. 三峡小江回水区磷素赋存形态季节变化特征及其来源分析[J]. 环境科学, 2009(12): 3488-3493.

[60] 李哲, 郭劲松, 方芳, 等. 三峡水库小江回水区不同 TN/TP 水平下氮素形态分布和循环特点[J]. 湖泊科学, 2009(4): 509-517.

[61] 李哲, 姚骁, 何萍, 等. 三峡水库澎溪河水-气界面 CO_2、CH_4扩散通量昼夜动态初探[J]. 湖泊科学, 2014(4): 576-584.

[62] 李哲, 张呈, 刘靓, 等. 三峡水库澎溪河 CO_2、CH_4气泡释放通量初探[J]. 湖泊科学, 2014(5): 789-798.

[63] HUANG Y, YASARER L M W, LI Z, et al. Air-water CO_2 and CH_4 fluxes along a river-reservoir continuum: case study in the Pengxi River, a tributary of the Yangtze River in the Three Gorges Reservoir, China[J]. Environmental monitoring and assessment, 2017, 189(5): 223.

[64] JAHNE B, LIBNER P, FISCHER R, et al. Investigating the transfer processes across the free aqueous viscous boundary layer by the controlled flux method[J]. Tellus B: chemical and physical meteorology, 1989, 41(2): 177-195.

[65] COLE J J, CARACO N F. Atmospheric exchange of carbon dioxide in a low-wind oligotrophic lake measured by the addition of SF_6[J]. Limnology and oceanography, 1998, 43(4): 647-656.

[66] IPCC. Climate Change 2014: Synthesis Report[M]. Geneva: Switzerland, 2014.

[67] REICHERT P, BORCHARDT D, HENZE M, et al. River Water Quality Model no. 1(RWQM1): II. Biochemical process equations[J]. Water science & technology, 2001, 43(5): 11-30.

[68] LENHART T, ECKHARDT K, FOHRER N, et al. Comparison of two different approaches of sensitivity analysis[J]. Physics and chemistry of the Earth, 2002, 27(9-10): 645-654.

[69] 黄真理. 三峡工程生态与环境监测和保护[C]//第二届全国水力学与水利信息学学术大会, 成都, 2005.

[70] HUANG Z, WU B. Three Gorges Dam: Environmental Monitoring Network and Practice[M]. Berlin, Heidelberg; Springer, 2018.